.com世代的生活便利情報指南

드라마 식당

我的祕密
韓劇食堂

看韓劇學料理
　　遊首爾嚐美食

推薦序

因為在台灣開設韓語學院的關係，近年來，我比起以往都還要密集的往返台韓之間，對於台灣人的熱情以及對於外國文化的溫馨接納更是感動多多，也因此，才有機會認識像 KOGI KOGI 這樣用心在每一件日常小事中感受韓國的孩子。看《我的祕密韓劇食堂》，連我這個韓國人都彷彿能透過書中的文字聞到飯桌上的香氣，邊看邊覺得有點餓了呢！

從事教育工作數十年，我深深體驗到教育對世界的影響，而學習不同國家的語言，則是認識世界的第一步，藉由語言教學來促進更多台韓間的文化交流，便是我所努力的目標。然而，在語言之前，還有一樣更容易跨越國界、拉近人與人距離的東西，那就是美食！好味道不需要太多言語形容，只要用心去品嘗，就可以感受。

能夠推薦這樣一本以有趣的方式談韓國美食、談韓國食文化的書，我覺得很開心。書中介紹的韓國美食及料理方式都很道地，可說是韓國太太們必會的料理，大家趕快一起來學習大明星出國也吵著吃的韓國太太菜吧！

曹英煥

韓國 U.P.i 學院「圭賢韓語補習班」學院院長
韓國偶像團體 Super Junior 成員圭賢的父親

自 序

這本書的誕生，得從一本韓國食譜的緣分說起……

小咪是我最老、最老的朋友，若干年前選擇到波士頓遊學，也是因為她的極力推薦。小咪談戀愛總是全心付出，每天下課就衝回家幫韓裔男友準備晚餐，還叫我千萬記得幫她帶幾本韓國食譜到波士頓去！這讓我開始好奇，韓國菜到底有什麼樣的魅力，連在美國出生長大的韓國人都離不開天天有泡菜相伴的日子？

奇妙的是，到波士頓後，與我感情最好的同班同學就是三位韓國太太，每週星期一下午是我們的英語小聚會時間，因為我住的地方小，所以輪流在三位韓國姊姊家裡看電視劇、學英文，每次的聚會就從她們拿手的家常菜開始。現在回想起來，也許那時，我就已經漸漸愛上韓國媽媽菜的味道了。

跟泡菜的牽連還從美國回到台灣，在第一個任職公司裡和我最麻吉的同事是 Julia，她的男友恰巧也是韓國人，2004 年，為了探視想念的 Julia，我第一次到韓國旅行。Julia 的韓國男友是個老饕，帶她吃遍首爾美食，我也託他們兩位的福，在短短九天的旅程中，把老饕美食名單上的精華全都吃了一輪。

這些味蕾上的甜美記憶，讓我對韓國飲食、韓國文化越來越著迷，血液裡不安於室的因子也蠢蠢欲動，我決定以一個在地者的眼光親自探探真實的韓國。於是，2008 年，再度展開我的遊學人生，成為首爾建國大學的語學堂學生！

雖然學校位在漢江北，我卻不小心住到了漢江南——全韓國最奢華的清潭洞！房東的女兒大學專攻漢文，也在中國學過中文，所以對我及相約一起到韓國念書的朋友特別投緣、相當照顧，不僅充當我的私人家教，還經常送我們房東太太親手醃的泡菜與芝麻葉。這位大小姐平常也沒什麼別的嗜好，就是愛吃、愛做菜，因此一有空閒，就約我和朋友在家裡附近的大小餐廳吃好料。

秀洪是另一位和我情同姊妹的韓國朋友，她懷孕前在義大利餐廳當廚師，最大的興趣也是吃，懷孕後雖然辭了工作，仍然閒不住地帶我鑽進大街小巷，品嘗只有本地人才知道的韓國美食，要不是肚子越來越大，我們連料理課的菜單都開好了呢！

細數我人生中的大長今們，還有一位姊姊絕對不能不提，那就是 Brenda 姊姊及她的老公。他們超喜歡台灣，在我們認識前就已經來過台灣兩三次，夫妻倆不僅懂吃、也喜歡下廚，一雙優秀的兒女都在新加坡念書，也因為兒女不在身邊，所以週末假日也常帶著我們吃吃喝喝。歐巴是江原道東海人，有一次還帶我們開了五小時的車回他鄉下的老家，體驗百分之百的韓國農村家鄉菜！

在那一年多的期間，最開心的莫過於像韓劇「食客」裡的男主角盛燦一樣，利用課餘的時間，四處發掘首爾的美食，也因為這些待我如同家人的朋友們，我才能順利地完成在韓國的進修，也幸運地見識了許多韓國道地的美食以及人文風景。我抱持著無比感恩的心，感謝上天讓我與他們相遇，而他們卻反過來謝謝我，願意花那麼多的時間來了解、認識韓國。這些人情、這些記憶中的味道，就是我跟韓國難分難解的緣分！

每次從韓國回來，行李箱都會大爆炸，不管是鍋碗瓢盆、泡菜乾貨，只要能通關的東西，說什麼都要扛回台灣才行。房間書櫃上最多的也是韓國料理書、韓國美食雜誌，不管中韓日英，只要是用心製作的出版品，幾乎通通買單。工作之餘，邀請朋友們來家裡烤三層肉、吃辣炒年糕是一大樂事，連家人也不知道從哪天開始，全變成了辛拉麵的好朋友！

每一樣東西都有屬於自己的故事，說故事的人只是幸運地聽說了，把它傳誦出去而已。在我們被太多五光十色的韓國娛樂新聞閃到張不開眼睛的同時，那些光鮮亮麗的背後，其實還有更多我們不熟悉、卻溫暖人心的小故事，我喜歡挖掘這些平實卻真正令人感動的故事，也喜歡做這樣一個說故事的人……

或許你也會因為一部戲，瘋狂愛上韓國菜。
或許你也會因為一個人，開始屬於你的韓國奇蹟之旅。
人生就是這麼奇妙，毫無道理可言！

Thanks to:

料理製作

感謝孫老師教我們如何做出書中好吃又道地的韓國菜。孫老師是韓國華僑第三代，曾經在日本求學，期間並在韓國高級餐廳工作，對於料理充滿熱忱，從小就跟著鄰家老奶奶把食物的功效、家傳撇步都偷偷學了下來。目前，在工作之餘開班授課，默默推廣道地的韓國料理及韓式美人食。

視覺呈現

感謝崔朱延（최주연）攝影師大力相助。Jennifer 現職為韓國媒體攝影記者，一聽到是要介紹韓劇美食，馬上二話不說貢獻自己的週末時光，協助韓國店家的照片拍攝工作。Jennifer，도와주셔서 너무 너무 감사합니다！

感謝妹妹的好朋友棣棣。從醬料、食材到店家地圖水彩畫，全是她一筆一筆畫出來的喔，一個韓文字都看不懂的她，把韓文字寫得可愛極了！

場地及器具提供

感謝「米力雜貨鋪」熱情提供廚房、拍攝場地及各種生活小物；感謝「韓購網」大方提供各式韓國料理專用食器及餐具。

因為有大家的情義相挺，大懶人 KOGI KOGI 我才能順利產出這本書！
文中若是有任何未盡之處，還請多多包涵及指正。

清潭洞的花鞋貓 KOGI KOGI
www.facebook.com/kogicat

目　錄

前　言

韓劇及 KPOP 的魔力無所不在，隨著主角們生動的演技、曲曲感人配樂的催化，許多外國人對韓式的生活點滴越來越好奇，尤其透過韓劇所表現出韓國人對於家庭倫常的重視，更是讓人印象深刻。無論劇情轉折如何不可思議，最後總會回歸到善惡各得其所的結局，巧妙地將傳統真善美的價值觀，以輕鬆的方式深化在大眾心中，看戲的我們彷彿也藉由這些戲劇得到心靈上的平反與紓解，相信這就是大家深受韓劇吸引的主要原因之一！

就算沒有這些背後的大道理，光是一字排開的俊男美女，他們時而霸氣、時而深情的眼神也夠讓人受不了！在韓國，跟隨大眾娛樂文化的流行脈動，就是一種全民運動，而輪番出現在各戲劇裡的大小餐廳更是最直接的受惠者，「燦爛的遺產」中，李昇基打工的雪濃湯餐廳、「料理絕配 PASTA」裡火爆主廚掌管的義大利餐廳，還有「原來是美男」裡高美男吃過的刀切麵店等等，都迅速變成大家嚐鮮、拍照、放上自己部落格獻寶的朝聖地。

一道菜，隱藏了一個心情故事、一段美麗人生。這裡共精選了三十部經典韓劇，透過八大類型的都會女子心情故事，延伸出心意比手藝更重要的美味食譜。若是看了這本書，再觀賞連續劇，最後能用味蕾真實地「讀」一次料理本身，那麼就像品嘗了三次隨著這些食物想要傳達給您的美味與感動。

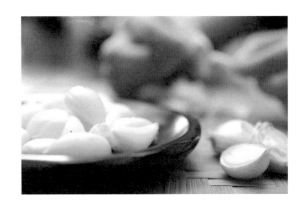

書中所介紹的三十道韓劇美食，都不是什麼名貴大菜，只是源自於韓國家庭、帶著媽媽味道的庶民美食。不過，媽媽的味道正是韓國菜的精髓所在！尤其越是在寒冷的北國，越能體會食物與人的關係有多麼緊密，食物不只溫暖胃、溫暖身體而已，最重要的是溫暖人心。可能還有許多人因為不夠了解而誤以為韓國菜看起來不是紅、就是辣，不然就是吃烤肉。地處高緯度的韓國冬季長又冷，不管是農產或是畜牧養殖業比起南方國家，相對來說沒有那麼豐厚是一定的，然而幾千年來，靠著韓國媽媽們的智慧與對家人的愛，不僅妥善地保

存了食物，還讓侷限的材料發揮了最極致的表現，變化出餐桌上各種健康又好吃的菜餚。食物的美味與否，不在於排場華麗或食材有多高貴，最重要的是「與他人一起分享」！這可以從韓國人總是一群人圍著煮鍋一起吃飯的情景中看得出來，把酒言歡中，情感的電流在餐桌間流竄，幾杯小酒後，人與人之間的距離自然地在瞬間拉近，一頓飯下來輕鬆自在，才是食的真味。除此之外，韓國人自古就非常注重食療的概念，強調多多以五色五味（白青黑赤黃、苦鹹酸辣甜）的方式均衡進食就可以擁有健康的體魄；韓式烹調方法也少油炸，再加上大量食用富含乳酸菌、維生素，可以促進消化的泡菜、醬料，就算吃烤肉，也一定搭配許多蔬菜一起食用，總結來說，韓國菜其實是兼具色香味又能促進健康的美人食喔！

想像中，有一處小小的祕密韓劇食堂，食堂老闆長了一張韓劇男主角的臉卻不去演戲，食堂裡除了別地方吃不到的好味道外，什麼都沒有，只有一台超小的電視機；大家脫了鞋進來，就放鬆地往暖暖的地板上坐，然後天南地北，從韓劇聊到彼此的心情故事，原本不認識的客人們最後變成約好一起學做菜、一起到韓國尋找更多道地美食的好朋友……

從一部又一部的戲劇中，我們在主角們的哭笑裡看見自己的人生方向、找到治療自己的解藥，也圓滿了自己的情感。然而，沒有永不結束的戲，新戲也總是一部一部接著上檔，收視率的好壞只是一時，很快就會被遺忘，只有那些真正對個人來說有意義的部分，會停留在我們的心中，也許哪一天親自下廚時，這個味道能讓您重新想起某一部戲曾經帶來的似曾相識、感動、溫暖、啟發……或是，一段快樂美好的時光。

請跟著 KOGI KOGI，一起重溫韓劇場景中的美味時刻吧！

第 1 回

帥氣女生人人愛

시크릿 가든

祕密花園

2010 年 韓國 SBS ／ 2011 年 台灣衛視中文台

玄 彬 — 飾 金祖沅	自視甚高、患有幽閉恐懼症的百貨公司老闆
河智苑 — 飾 吉蘿琳	個性堅毅、夢想成為動作導演的女特技演員
尹尚賢 — 飾 奧斯卡	金祖沅的花稍韓流明星表哥
金莎朗 — 飾 尹瑟	看似高傲卻對奧斯卡情有獨鍾的廣告導演

드라마소개
劇情簡介

「祕密花園」是一個穿梭在現實與虛幻世界之間的浪漫愛情故事。男主角金祖沅是繼承龐大家業的富三代，女主角吉蘿琳則是一心夢想成為女特技演員的個性女子；猶如童話裡才有的情節一樣，兩人在偶然的情況之下，互相交換了靈魂，心不甘情不願地展開一段微妙的人生體驗。漸漸地，無法擺脫窘境的兩人慢慢了解對方的心情，對於彼此的依賴與愛意也與日俱增……

* * *

「只要愛還在，只要你願意靜靜地守候，花園就不會荒蕪；就算任其自然生長，在雜草中也必然看見你的玫瑰正在閃閃發亮。」

平凡女遇上富家男的故事我們不知聽過千百回，但「祕密花園」巧妙的劇情安排還是緊緊抓住了觀眾的心。先撇開男女主角「身分地位」的門第差異不談，其實所有人不都來自完全不同的成長背景嗎？在探索彼此的過程中往往不盡如人意，結局也不如童話故事般順遂。然而，相愛的重點並不在於時間長短，而是你能不能勇敢去愛人及被愛！在愛情花園的迷宮裡與戀人擁抱時的天旋地轉、刻骨銘心，是真正愛過的人才能體會、不留遺憾的美好，也正是愛情的魅力所在。

一個氣氛詭異的夜晚，祖沅和蘿琳因為迷路而不小心來到了濟州島森林深處的餐廳「祕密花園」，讓兩人深陷愛情迷宮的「靈魂交換」，也就是從喝下餐廳老闆娘私家釀造的神奇花酒後開始發酵。這餐廳大媽其實是蘿琳爸爸的化身，蘿琳的爸爸雖然早已離開人世，但因為放心不下女兒，變身為經營這家餐廳的大媽，想盡辦法為女兒牽起一段美妙姻緣。

去年夏天，一個超喜歡玄彬的朋友約我去濟州島度假，在那一趟旅程中，我們還意外發現了戲中的「神祕花園」！原來「神祕花園」不是劇組搭建出來的場景，是真真實實營業中的餐廳呢！看到戲中似乎隨時會消失的餐廳真實出現在眼前時，有股恍惚之感……好像稍待片刻，祖沅和蘿琳就會從門外走進來似的！

蘿琳拍動作戲的
小王子法國村

한식 이야기
韓食小故事

現實中的「神祕花園」是一家雞肉料理專門店，位在清澈的山中溪谷邊，充滿一派閒適的氣氛。劇中大媽不斷招呼兩人多吃一點的料理，是這裡菜單上的養生雞湯（닭백숙），餐廳老闆知道我們遠從國外而來，非常熱情的招待，還極力推薦另一道招牌料理「馬鈴薯燉雞」，哇！吃來鮮嫩多汁，充滿山中靈氣的料理果真不同凡響！

「馬鈴薯燉雞」的主角雖然是雞肉，但燉煮到鬆軟度恰恰好的馬鈴薯塊，更增添了畫龍點睛的效果；融入了大量馬鈴薯、蔬菜及辣椒醬所燉出來的雞肉格外香嫩甜美，讓人彷彿置身在一座繁花盛開的花園裡，為我的味蕾和感官帶來難以言喻的愉悅感！

닭도리탕
馬鈴薯燉雞

材　料：

雞	1隻
香菇	6朵
馬鈴薯	2顆
紅蘿蔔	1/2根
洋蔥	1顆
甜椒	1個
水	適量

調味料：

辣椒醬	2大匙
辣椒粉	2大匙
醬油	2大匙
糖水	2大匙
蒜泥	2大匙
胡椒粉	適量
料理酒	適量

做　法：

1. 雞洗淨，切大塊，放入滾水中汆燙後撈起。

2. 香菇蕈摺面朝下，輕敲除去蕈摺裡的粉塵備用。馬鈴薯、紅蘿蔔、洋蔥去皮，加上甜椒，切大小相同塊狀。馬鈴薯以小刀將尖角及平面部分削圓，較不容易因攪拌碰撞而碎掉。

3. 雞塊、馬鈴薯塊與調味料攪拌均勻備用。

4. 將做法步驟 2、3 中準備好的材料下鍋，以中火拌炒至雞肉變熟、蔬菜軟化。

5. 加水至鍋中，約略蓋過鍋中材料。轉中小火燉煮，煮至湯汁慢慢收乾的狀態，關火後，撒點芝麻，即完成馬鈴薯燉雞。

老闆的話

　　（1）燉煮時，如果覺得還沒入味但湯汁已不夠，可再加少量水繼續燉煮。
　　（2）甜椒、香菇為增加內容豐富度的食材，在韓國，店家通常比較少放。
若嗜愛泡菜、年糕、地瓜，也可運用這些食材烹煮此道料理。喜歡的話，
都可以試試看喔！
註：標準量杯一杯＝ 240c.c. 一大匙＝ 15c.c. 一小匙（或一茶匙）＝ 5c.c.

커피프린스1호점

咖啡王子
一號店

至今仍然營業的
咖啡王子一號店

2007 年 韓國 MBC ／ 2008 年 台灣緯來電視台

孔　侑 — 飾　崔漢杰　　被奶奶逼著回國相親的東仁食品公司小開
尹恩惠 — 飾　高恩燦　　迫於生計而女扮男裝，在咖啡店工作的少女壯士
李善均 — 飾　崔漢成　　崔漢杰的堂哥，具有藝術家特質的音樂製作人
蔡貞安 — 飾　韓幼茱　　為了追求藝術，一度狠心拋下男友的感性畫家

드라마소개
劇情簡介

　　在美國過著逍遙日子的食品公司小開崔漢杰，突然被奶奶強迫回國相親。不想屈服於親情壓力的他，異想天開地和炸醬麵外送小子高恩燦聯手假扮同性戀，想要嚇退前來相親的女子。但萬萬沒料到，兩人竟然一路假戲真做下去，連漢杰都開始懷疑起自己的性向，是否真的出了問題。另一方面，在以帥哥店員為號召的「咖啡王子一號店」裡，為了生計女扮男裝的恩燦，又要到什麼時候才能向漢杰表白自己的真心呢？

＊　＊　＊

　　在「咖啡王子一號店」裡，總是騎著一輛破機車在首爾市區橫衝直撞的外送達人高恩燦，越看越像一碗炸醬麵──普通、不起眼，但你肚子一餓就想到它，而它也總是在最需要的時候，毫不遲疑地出現在你身邊。可不要小看高恩燦這碗普通的炸醬麵，孰不知讓人沒有壓力、不用耍心機去猜測，正是她的魅力所在。劇中，恩燦充滿男孩子氣的爽朗與勇往直前的衝勁，總是莫名吸引著一票男人，不只讓男主角漢杰以為自己性向錯亂，連內斂的漢成大叔也樂於在她面前敞開心扉……這難道就是我們喜歡跟姊妹淘或哥兒們混在一起的原因嗎？相信能夠同時成為情人與朋友，應該是一件很棒的事情吧！

故事一開始，恩燦和想追求恩燦妹妹的傻大個比賽，看誰先吃完五盤炸醬麵，可說是「咖啡王子一號店」的經典畫面之一。看著恩燦悠哉地把炸醬麵兩兩對扣、混合醬跟麵，一副氣定神閒的模樣，就知道傻大個當然是輸定了！開玩笑，恩燦怎麼說也是炸醬麵店的外送專家呢！

我在韓國念書的那段日子也常叫炸醬麵來吃，不管颱風下雨、早晨半夜，只要一通電話，外送大叔就會把熱騰騰的食物送上門，絕對不怕挨餓。吃完後只要將碗盤擺回門外，來無影去無蹤的外送大叔就會把碗盤收走，不用出門也吃得到五花八門的食物，堪稱韓國飲食文化裡的一絕。

海報雖已泛黃，
還叫懷念的味道
依然存在！

한식 이야기
韓食小故事

韓國的外賣食物中，最受歡迎的莫過於炸醬麵。據說韓國人一天之內可以吃掉 600 萬碗炸醬麵，是外賣訂單第一名！在韓國，炸醬麵就是中華料理的代名詞，但它一點都不像中國炸醬麵的變種口味，到底是怎麼產生的呢？話說韓國的炸醬麵最早出現在仁川，從一家山東師傅所開的中國餐廳開始流行起來。一百多年來，由於炸醬麵物美價廉、料理時間較短及方便食用的特性，漸漸被韓國人接受，也慢慢融入韓國人的口味，變成今天大家所熟悉的黑色炸醬麵。

4 月 14 日在韓國被稱作「黑色情人節」，每年到了這一天，沒有情侶的單身朋友們就會相約一起去中國料理店吃炸醬麵，並且互相加油打氣喔！

짜장면
炸醬麵

材　料：
麵條.........400 克
豬肉.........150 克
洋蔥...........2 顆
大白菜........150 克
小黃瓜..........1 條
太白粉......... 適量
食用油........1 大匙

調味料：
春醬（춘장）....150 克
薑末.........2 小匙

做　法：

1. 豬肉、洋蔥、大白菜洗淨後切丁。

2. 炒鍋內放入食用油，將韓國春醬（黑色甜麵醬）炒香備用。

3. 豬肉丁入鍋炒至變色，再加入洋蔥、大白菜丁翻炒。

4. 炒至洋蔥、大白菜半軟時，加入春醬、薑末，與蔬菜充分炒拌均勻，以太白粉水勾薄芡即完成炸醬。

5. 湯鍋水滾後丟入麵條，麵條煮熟浮起，加入一碗冷水再煮。再次沸騰時，即可撈出麵條，淋上炸醬後，放上適量小黃瓜絲，可做裝飾，又可帶來清爽口感。

老闆的話

（1）可參考海瓜子刀切麵篇之製麵方式製作手工麵，新鮮健康，吃起來彈牙有勁！（2）炸醬可依個人喜好調整配料，加入高麗菜、紅蘿蔔、馬鈴薯等蔬菜。（3）喜歡醬汁淡一點的話，可先加入 100c.c. 的水與蔬菜一起炒煮後，再放入春醬及太白粉水拌炒。

傳說中的店！

黃金蛋食堂 황금알식당

「黃金蛋食堂」位於保存著大量傳統韓屋的北村,這裡曾是昔日朝鮮時代貴族們的居住區域,悠閒地漫步在北村裡,常常會有一種掉進時光隧道裡的錯覺,而保留著韓屋主體的「黃金蛋食堂」便是其中一間還停留在舊時光裡的老店;它的外觀看起來有些斑駁,店內也任意擺放著許多木頭老家具,頗耐人尋味,經過歲月洗禮而自然展現的人文風情,不是任何設計師所能輕易打造。

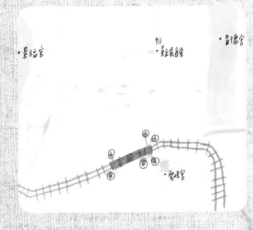

食堂內賣的都是些懷舊小吃,像是:白銅鍋拉麵、回憶中的鐵盒便當,最重要的還有「咖啡王子一號店」裡男主角奶奶愛吃的古早味紅豆冰(팥빙수)!一大碗裝滿飽滿蜜紅豆的剉冰 4000 韓幣,約等於台幣 100 元,幾年來價格都沒變動過。另外一部韓劇「燦爛人生」也在這裡取景,這家食堂更因為戲中主角的名字而從「姨媽家本食店」(大眾基本飲食的意思),改成現在逗趣的「黃金蛋食堂」呢!

美食地圖
PLUS

首爾市鐘路區桂洞
(서울 종로구 계동)

回憶中的鐵盒便當/ ₩ 4000
古早味白銅鍋拉麵/ ₩ 2500

搭乘地下鐵 3 號線於安國站下車,3 號出口出來後往左轉,再往桂洞路左轉後一直前行,黃金蛋食堂就在某一個巷口的轉角,招牌非常明顯。

성균관스캔들
成均館緋聞

儒生們上課及
生活在成均館

2010 年 韓國 KBS ／ 2011 年 台灣緯來電視台

朴有天 — 飾 李先埈　　朝鮮名門望族之後，才貌雙全的完美儒生
朴敏英 — 飾 金允熙　　家道中落，頂替體弱胞弟應考的聰穎女子
宋仲基 — 飾 具龍河　　瀟灑又風流，從小在女人堆裡長大的富商之子
劉亞仁 — 飾 文在新　　桀驁不馴，生於高官之家卻痛恨法度的俠義少年

드라마소개
劇情簡介

改編自暢銷同名小說的「成均館緋聞」，是以朝鮮時代最高學府成均館為背景的青春歷史劇。有別於一般歷史劇無止境的宮廷鬥爭，以輕鬆趣味的手法包裝，讓現代人得以生動想像當年儒生們飽讀詩書之外的生活點滴。

* * *

朝鮮學者之女金允熙天資聰穎，從小愛念書，她在陰錯陽差之下女扮男裝頂替體弱多病的弟弟應考，進入成均館就讀，遇到了完美儒生李先埈、花花公子具龍河和一身俠膽的文在新，且看花美男四人幫在朝鮮時代「大學」裡所展開的友誼與愛情。

提起孔孟學說、四書五經，對大部分的學生來說，盡是不堪回首的回憶居多，這部「成均館緋聞」卻讓廣大觀眾樂於回味那個男女對看一眼都算失禮的年代，就連戲中人物用韓文發音的「子曰……」聽來也異常有趣，令人有種既熟悉又陌生的感覺。陷落遙遠的回憶之餘，我也對韓國戲劇寓教於樂的用心深感佩服。先以一幫青春偶像談情說愛的包裝來吸引

觀眾的目光，然後再慢慢讓觀眾隨著劇情的發展，了解儒家學說如何在長遠的歲月中，影響了人們的思想及生活模式。

生長在現代社會的我們只有從小被逼著讀書的經驗，很難想像女主角允熙想念書還得女扮男裝的苦悶。其實女孩子有才藝，努力實現理想、證明自身存在價值的心情古今皆同，幸運的我們一定要把握機會，勇敢地做自己想做的事、去想去的地方，才有機會遇到更多值得學習的朋友，甚至值得交付終身的伴侶！

另一件幸運的事，是我們不用跨越時空才能造訪成均館，擁有六百年歷史的成均館如今仍安然存在，就是首爾成均館大學旁的文廟（孔廟），保留自朝鮮時代的建築群，在四季裡風情各異，若是秋日漫步在遍地黃杏的落葉中，最能感受到彌漫在成均館裡的古樸文風。

在「成均館」中，學生們一起吃飯的地方叫作「進士食堂」，可說是韓國最早的學生餐廳。據說過去儒生們的一餐是由飯、湯、醬、泡菜等八樣食物所組成，以較為清淡爽口的湯及小菜為主。在第一集新生入學日中，可以看到大嬸們快手快腳地準備膳食的場面，桌邊整齊成列、等著被處理的魚貨，讓我想起了外表看來清淡卻蘊含深味的黃太魚湯。

한식 이야기
韓食小故事

黃太魚就是明太魚（阿拉斯加鱈魚），在冬雪中反覆風乾、解凍再風乾後，魚身漸成金黃色，故稱「黃太」，最好的黃太產自韓國江原道山區，便是因為其乾燥冷冽的天然環境所致。一對相當照顧我的韓國夫婦朋友曾帶我回他們在江原道的老家過節，一路上，冷風中，黃太魚成排風乾的景象至今難忘，曬魚人對於食物好味道的驕傲與堅持不言而喻。

不只是儒生們，韓國人的飲食重心可說就是圍繞著各式各樣的湯與醬，只要有這碗熱湯加上白飯，就是令人心滿意足的一餐。在韓國料理中，溫和不辣的料理其實不少，黃太魚湯就是其中一味，近來在美女圈非常受到歡迎，低脂肪、高蛋白質的成分，使它成為不折不扣的美容聖品，聽說這也是許多韓國女生皮膚有如小女孩般細嫩的祕密喔！

황태국
黃太魚湯

材　料：

黃太魚乾..... 約50克
蔥..............2支
洋蔥............2顆
青辣椒......... 適量
紅辣椒......... 適量
水...........600c.c.
蛋..............1顆

調味料：

芝麻油......... 少許
鹽.............. 少許
胡椒粉......... 少許
蒜泥........1/2大匙
湯醬油......1/2小匙

做　法：

1. 黃太魚乾清洗後，浸泡在少量水中約5分鐘，不需過久，使其稍稍軟化即可。

2. 蔥、青辣椒、紅辣椒洗淨後，斜切成片備用。

3. 黃太魚乾放入鍋中，用少許芝麻油略炒一下，注入冷水，開始以中火熬煮，水滾後，轉
   中小火繼續煮20分鐘。

4. 湯汁轉白時，加入鹽、胡椒粉、蒜泥、湯醬油調味。

5. 起鍋前，打一顆蛋、煮成蛋花，加入蔥段、幾片青辣椒及紅辣椒，即完成養顏美容的黃
   太魚湯。

老闆的話

（1）購買整理好，撕成適當大小的黃太魚乾絲，較方便料理。
（2）想品嘗原味黃太魚湯的話，可以不要放青辣椒及紅辣椒。

미남이시네요
原來是美男

晨靜樹木園的
日光草花溫室

2009 年 韓國 SBS ／ 2010 年 台灣東森電視台

張根碩 — 飾 黃泰慶　　個性偏強的 A.N.JELL 團長兼主唱
朴信惠 — 飾 高美男　　代替哥哥假扮男子偶像團體的一員
鄭容和 — 飾 姜信宇　　心思細膩，最早發現美男真實身分的吉他手
李弘基 — 飾 JEREMI　　個性搞笑、英韓混血的 A.N.JELL 鼓手

드라마소개
劇情簡介

在修道院長大的實習修女高美女，為了幫助不能如期加入「A.N.JELL」的雙胞胎哥哥高美男，因而女扮男裝，成為當紅偶像團體的一員，一同闖蕩五光十色的演藝圈。但是，她的真實身分很快就被住在同一個屋簷下的隊長黃泰慶及吉他手姜信宇發現，就在團員們暗自守護著這個祕密的同時，他們的心中也逐漸漾起了異樣的情愫，譜出令人怦然心跳的愛情樂章……

＊　＊　＊

以「男女變變變」為戲法，「原來是美男」再次颳起一陣花美男旋風！劇中，四位年輕演員的表現備受關注，其中主唱黃泰慶鮮明的個性、任誰都無法忽視的搶眼外型，更是成為無數少女粉絲的目光焦點。

樂團裡的吉他手姜信宇是最早發現高美女真實身分的團員，卻選擇將這個祕密放在心裡，愛在心頭口難開的他，努力用自己的方式守護著美女，可惜美女卻感受不到信宇的這份深情；也許是個性太遲鈍，也許她的芳心早已被主唱黃泰慶佔據，總之，只能說是兩人的緣

分不夠，令人遺憾。不過兩人雖然緣淺，但一場信宇精心設計的明洞約會，也算是為兩人留下了一段美麗的回憶，這場約會，簡直就是明洞情侶最佳約會路線呢！明洞有點類似台北的西門町，是首爾年輕人最喜歡去的地方，除了流行商品齊全外，好吃的東西也很集中，信宇帶著美男光顧的「明洞餃子刀切麵」就是其中之一。

刀切麵給一般人的印象，不過就是在大街小巷中，隨處都吃得到的一碗熱湯麵，好像沒什麼特別的，然而，在韓國歷史上，以小麥為材料的麵食，從前可是貴族才吃得到的珍貴料理。後來到了韓戰期間，隨著各式各樣的美軍援護食品從國外輸入，小麥、麵粉才大量湧入韓國。

這個時期，韓國媽媽們開始利用這些麵粉做些簡單的麵條。在廚房裡用刀隨意切出扁平的麵條，可說就是刀切麵最初的原型，從這個時候開始，刀切麵才慢慢演變成全國性的食品，明洞附近正是因為聚集了許多刀切麵店，所以也漸漸變成以刀切麵著名的地方。

한식 이야기
韓食小故事

在韓國做壽或是宴客時，餐桌上往往會出現麵條，便是取其長麵條可以帶來「長壽」的寓意，就像我們生日時吃麵線一樣。比較特別的是，韓國人舉辦婚宴時也一定會準備「宴會麵」（잔치국수），其中隱含著祝福新婚夫妻的愛情能夠長長久久的期盼。

刀切麵的湯底多半用牛肉、雞肉或是小魚乾熬製。簡單來說，韓國人喜歡的湯底以清爽的口感為主，而配料則視地方物產的不同而千變萬化。譬如在農村裡就用雞湯、櫛瓜及馬鈴薯來煮麵；靠海的漁村則多用海鮮魚貝類。

多虧了物美價廉的小麥，過去在富貴人家才吃得到的刀切麵，現在變成了人人都能享用的庶民美食。

칼국수
刀切麵

材　料：
麵粉 . . . . .400 克
鹽 . . . . 適量
冷水 . . . . .100c.c.
海瓜子 . . . . .300 克
櫛瓜 . . . . .1/4 條
小魚乾 . . . . .10 隻
昆布 . . . . .5 片

調味料：
蒜泥 . . . . .2 大匙
醬油 . . . . .2 大匙
芝麻油 . . . . .1 大匙
蔥花 . . . . .2 大匙
辣椒粉 . . . . .1/2 大匙
青、紅辣椒 . . . . . 適量

做　法：

1. 昆布表面以濕布略微擦拭，與除去頭及內臟稍微乾炒過的小魚乾一起放入湯鍋，倒入 3 杯水，開火煮 10 分鐘後取出昆布，再續煮約 20 分鐘，關火後，用細網過濾雜質，就是清澈甘甜的小魚乾昆布高湯。

2. 取少量鹽溶入冷水中，混合麵粉與鹽水（約 3：1），揉成麵糰，接著蓋上保鮮膜，靜置 30 分鐘醒麵。

3. 料理台上平均撒一層麵粉，將醒過的麵糰擀成長形片狀，表面撒上麵粉後，對折數次，用刀切成長麵條。輕輕鬆開刀切麵，甩去多餘麵粉備用。

4. 大鍋煮滾水後將麵條放入，待麵條顏色稍微變透，倒入冷水 1 碗。鍋中水再次沸騰時撈出麵條，以冷水沖洗備用。

5. 海瓜子泡鹽水吐沙後，取出洗淨。櫛瓜洗淨去皮、切絲。

6. 取一小碟，混合所有調味料，調製成刀切麵佐醬備用。

7. 湯鍋中，倒入熬製好的高湯，煮至沸騰時，加入海瓜子，待海瓜子開殼後，加入櫛瓜絲煮熟，最後加入刀切麵，續煮 3 分鐘，讓麵條吸收湯汁精華後，即可起鍋。最後撒上些許蔥花及青、紅辣椒圈做裝飾。

老闆的話

海瓜子刀切麵湯頭較清爽，依個人喜好加入適量佐醬，是享用這一碗麵的美味小祕訣。麵糰可以在前一天先做好，用保鮮膜包覆後放進冰箱冷藏，隔天煮了會更 Q 喔！

原來是美男
明洞餃子 명동교자

就像「原來是美男」第二男主角信宇說的一樣，來到明洞，非吃碗刀切麵不可，信宇口中非吃不可的，就是「明洞餃子」的刀切麵！

「明洞餃子」出名甚早，早在大批外國觀光客因迷上韓劇、KPOP 而紛紛造訪首爾之前，它就已是門庭若市的名店！創立於 1966 年的「明洞餃子」，舊名原是「明洞刀切麵」，同時也是店家最自豪的料理，雖然只是一碗湯麵，但其魅力歷久不衰可是大有學問，靠的就是店家數十年來精心調製、具有黃金比例的湯頭、麵條上的配料以及獨家開發的醬汁。

除了刀切麵，其實這裡的辣拌麵也很值得推薦，喜歡吃辣的人一定要來試試看！不誇張，為了這碗香辣夠勁的辣拌麵，訓練自己吃辣的能耐都值得喔！

明洞有兩家「明洞餃子」，除了這兩間，別無分號。信宇帶著美男去吃的是 1 號店而不是本店喔，兩家店相距不遠，想坐在信宇及美男曾經坐過的位置上品嘗這碗刀切麵的話，千萬別走錯囉，記得是「明洞餃子」1 號店的 2 樓！

美食地圖 PLUS

首爾市中區明洞 2 街 33-4 號
（서울 중구 명동 2 가 33-4 번지）
📞：02-776-3424
❓：10:30 ～ 21:30（春節及中秋休店一日）

刀切麵／₩ 8000　辣拌麵／₩ 8000

🚗
搭乘地下鐵 4 號線於明洞站下車，8 號出口
網址：http://www.mdkj.co.kr/

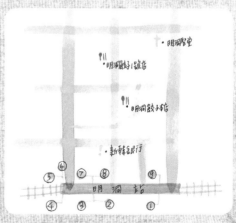

韓流食材與醬料

在韓國菜美味的祕訣當中，最重要的就是醬料的運用。辣椒醬、大醬、醬油是韓國三大醬，就算現在到處都買得到的情況下，還是有些人家堅持使用自家手工製作出來的獨門醬料喔，韓劇食堂入門，就從認識幾種代表性的韓式調味品開始！

辣椒粉 고추가루

將韓國辣椒曬乾後磨成粉狀的調味品，依作用磨成粗、中、細三種辣椒粉。粗辣椒粉用來製作泡菜；中辣椒粉用來調味；細辣椒粉則用來製作辣椒醬及撒在沙拉上食用。

辣椒醬 고추장

韓國辣椒醬辣中帶著甘甜，是韓國料理中不可或缺的重要角色。辣椒醬裡含有豐富的辣椒素，能促進發汗、代謝累積在身體中的廢物，具有不錯的減重效果。

芝麻 참깨

韓國產芝麻飽滿、香氣濃郁，用手揉搓即可感到油脂，芝麻中的植物性油脂是不飽和脂肪酸，能夠降低膽固醇；芝麻素及維生素 E 等成分對於抗老化也有顯著的幫助。

大醬 된장

以大豆發酵製成醬油後所剩餘的物質為底，添加其他材料熟成而得到的醬料就是大醬，含有豐富的植物性蛋白質。大醬主要用於韓式味噌鍋及調味；也可用於生菜包肉時的沾醬。

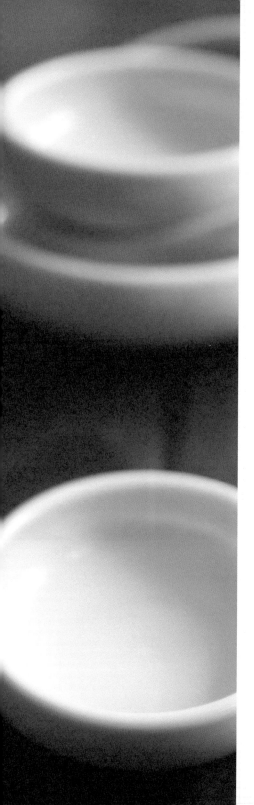

醬油 간장

醬油是大豆經過發酵製成的醬料，依不同特性可分為：熬湯和拌菜用的湯醬油（국）、滷製料理用的滷醬油（조림），以及醃漬肉片、烤肉用的陳醬油（진）。

麻油 참기름

麻油廣泛地使用在韓國料理中，不管是涼拌或是炒燉，獨特的香味可以在瞬間增添各種料理的誘惑力；在麻油中加入不同的香料後，又可以馬上變化出各種沾醬。

麥芽糖漿 물엿

烹調時用麥芽糖漿代替蔗糖可減少糖的使用量及甜膩感，散發自然甜味。燉、滷、醃漬肉品時都很好用，可去除腥味、軟化肉質，並長時間維持菜餚的風味。

魚露 액젓

小魚經過醃漬、發酵後製作而成的琥珀色醬汁，為製作泡菜時的必備品。來自大海的鮮甜香醇是魚露最大的特徵，加在菜餚裡可以增加食物的鮮美度。

第 2 回

開朗女孩最幸福

풀하우스
浪漫滿屋

這就是智恩用過的網路食譜

http://www.4.menupan.com/cook/recipeview.asp?cookid=124

2004 年 韓國 KBS ／ 2005 年 台灣八大電視台

RAIN — 飾 李英宰　　表面看似外放不羈、內心幼稚的亞洲人氣偶像明星
宋慧喬 — 飾 韓智恩　　個性迷糊、天真活潑的網路愛情小説作家
金成洙 — 飾 柳民赫　　帥氣、有自信的影視製作公司老闆
韓恩貞 — 飾 姜慧媛　　和李英宰、柳民赫一起長大的服裝設計師

드라마소개
劇情簡介

韓智恩獨自住在爸爸親手打造的 "FULL HOUSE"，這是意外身亡的父母留給她唯一的紀念，沒想到不肖朋友為了錢不只騙她出國，更偷偷把這棟房子賣給她在飛機上巧遇，並吐了他一身的大明星李英宰。英宰同情智恩無處可去，勉強讓她以幫傭的身分換取食宿，而為了刺激從小暗戀的對象，我行我素的英宰還執意和智恩玩起假結婚的荒唐遊戲。在浪漫滿屋中，兩人從原本互看不順眼，到越來越無法忽視對方存在的「假扮夫妻生活」，就此拉開序幕！

* * *

還記得那一年我們一起看過的「浪漫滿屋」嗎？瞇瞇眼帥哥大明星與迷糊的網路女作家，這對夢幻組合的魅力可說橫掃全亞洲！拜這部偶像劇所賜，我們可以一睹大明星穿睡衣躺在家裡的邋遢模樣，原來脫去明星光環後，他們最基本的需要和一般人並沒有什麼不同，有個人等你回家、桌上有頓熱騰騰的飯菜，就能帶來最真實的幸福感。米其林星級料理或許提供了另一種極致享受，但只有充滿真心的食物可以餵飽我們對愛的渴望。

起個大早撐著眼皮趕做一個愛心便當、熬夜好幾天打出一條不太工整的圍巾、考試在即也想在情人節前親手做巧克力，這種想為喜歡的人「做點什麼」的心情，在任何年紀回想起來都是最美的。

此外，韓劇裡也經常出現下廚的畫面，好比主角們為生病的情人煮粥、做紫菜包飯去探班，或是煮好一桌豐盛的晚餐等老公回家吃飯等等，戲如人生、人生如戲，生活就是如此，怎麼離得開「吃」呢？韓國女人婚後不工作，待在家裡專心照顧一家老小的情況比台灣普遍很多，在韓國念書時，身為人妻的韓國朋友偶爾會約我喝喝下午茶，不過，每次差不多到了下午五點多，就是她們固定起身告退的時間，原因無它，因為得回家做飯去啦。這個情形，也常被寫在韓劇的劇情之中。

在「浪漫滿屋」裡，為了讓英宰早點回家，不太會做菜的智恩硬是端出英宰最愛的海蜇皮涼菜來吸引他的注意。看著智恩每次要做什麼菜就急著上網找食譜的情節，很多觀眾也會不自覺地會心一笑吧？其實時下韓國年輕女生不會做菜的也真不少呢。

한식 이야기
韓食小故事

在好奇心驅使下，我忍不住上網研究了一下智恩做的海蜇皮涼菜食譜，光是看到食材，眉頭就先皺一半，啊，難怪英宰吃了一口後馬上嫌到臭頭！我看過好幾種海蜇皮涼菜食譜都沒有說要加番茄，智恩的食譜裡偏偏就有，連網民們都紛紛留言，提出不要加番茄、否則會出水之類的建議。看來，滿心期待被英宰稱讚的智恩真是當了冤大頭！所以說，網路上千奇百怪的食譜可不能全都信，多嘗試幾次之後，自然就會慢慢做出最棒的味道；還有，千萬別忘了，端出去前一定要自己先試吃過才行！

海蜇皮涼菜是韓國人在婚禮筵席、搬新家招待親友時愛用的一道前菜。海蜇皮就是處理過的水母，主要成分有 70% 是膠原蛋白，低熱量、低脂肪、低膽固醇，向來被當作是很好的養顏食品。夏日夜晚和朋友喝幾杯冰涼啤酒時，Q 脆爽口、不油膩的海蜇皮涼菜，就是最適合的下酒菜之一啦！

해파리냉채
海蜇皮涼菜

為我下廚的女人最美麗！

浪漫滿屋／第6集

材　料：
海蜇皮.........250 克
洋蔥...........1/2 個
紅蘿蔔.........1/2 根
青椒...........1/2 個
紅甜椒.........1/2 個
小黃瓜..........2 條
芝麻........... 少許

調味料 A：
蒜泥...........1 大匙
白醋.....1 又 1/2 大匙
糖............1 大匙

調味料 B：
蒜泥...........1 大匙
白醋...........2 大匙
糖............1 大匙

做　法：

1. 海蜇皮放在流動水下，用力搓洗除去鹽分及雜質。然後切成約 1 至 1.5 公分寬、5 至 6
   公分長條，以開水浸泡，每 1 小時換一次水，至少換水兩次，直到海蜇皮鹽分完全釋
   出為止。

2. 將準備好的海蜇皮絲以滾水反覆淋燙，燙捲後馬上放入冷開水中，海蜇皮會收縮變細
   且變脆，便可暫放入冰箱保鮮。

3. 洋蔥、紅蘿蔔去皮，與青椒、紅甜椒一起切絲，大小粗細盡量相同。小黃瓜不需削皮，
   但可用刀背輕輕刮細小黃瓜表面，一樣切絲待用。

4. 洋蔥、紅蘿蔔、青椒、紅甜椒、小黃瓜絲以調味料 A 醃漬 15 至 30 分鐘。

5. 取出冰鎮過的海蜇皮與醃好的配料擺盤，淋上拌好的調味料 B 及少許芝麻，即可上桌。
   稍微拌一下，就可以吃囉！

老闆的話

調味醬料中也可加入兩大匙柚子醬，或將白醋換成果醋，增加香氣。

꽃보다남자

花樣男子
流星花園

男女主角一起搭
過的南山纜車

2009 年 韓國 KBS ／ 2009 年 台灣八大電視台、中視

具惠善 ─ 飾 金絲草　　洗衣店家的女高中生，擅長游泳，富有正義感與鬥志
李敏鎬 ─ 飾 具俊表　　一流企業繼承人，個性霸道、自戀又孩子氣，對愛情專一
金賢重 ─ 飾 尹智厚　　前總統之孫、多才多藝、個性溫柔內斂
金　範 ─ 飾 蘇易正　　多金又風流倜儻的天才陶藝家
金　俊 ─ 飾 宋宇彬　　重情重義、掌握不動產企業與黑道的繼承人

드라마소개
劇情簡介

家裡經營洗衣店的金絲草，某天送貨到貴族學校「神話高中」，因意外涉入該校的一起霸
凌事件，而被招攬至該校就讀。身為轉學生的絲草，為了朋友挺身而出對抗學校裡的風雲
人物 F4，並與這四位富家貴公子結下了不解之緣，周旋在幾位帥哥之間，童話般的愛情神
話就此上演！本劇改編自日本漫畫家神尾葉子的作品《流星花園》，先後被改拍成台版、
日版和韓版電視劇，亦衍生拍攝成電影版，各種版本皆取得相當出色的票房成績與廣大觀
眾的迴響。

* * *

「你們醃過辣白菜嗎？沒有吧！那你們在大眾澡堂搓過背嗎？你們也沒在路邊攤吃過魚板
串吧！你們懂人生是什麼嗎？！黃毛小子！」──具俊表

無論改編過幾次，「花樣男子流星花園」故事裡女主角夢幻般的際遇一樣讓許多女孩們稱
羨不已！但是，羨慕金絲草的可不只有我們，連生活在金字塔頂端的具俊表都對於金絲草

看似不起眼的生活，感到新奇有趣極了。身處在奢華環境裡的具俊表有一天來到金絲草家中過夜，跟著絲草一家人醃泡菜、吃路邊攤、上大眾澡堂，感受了過去不曾有過的家庭溫暖，他甚至還炫耀地對朋友發出「體驗過這些才是人生」的豪語。

對具俊表來說，如此偉大的經歷，不過就是普通家庭的日常生活，大多數韓國媽媽們都有一手製作泡菜的好本領，醃漬出來的味道也各有特色。只是年輕人貪求方便，不再親手做泡菜，這麼一來，現在還能做出好吃泡菜的年輕女性對於韓國男生來說，反而多了幾分吸引力呢。

한식 이야기
韓食小故事

泡菜已經有三千多年的歷史，是古人為了抵抗寒冬、儲備糧食而發展出的飲食習慣。在添加鹽、糖、辣椒粉、蒜、薑、蔥、魚醬、蝦醬、蘿蔔、水果等多種調味品後，經發酵而成的食物，稱作「泡菜」。泡菜對韓國人來說是餐桌上不可或缺的食物，富含維他命 C、乳酸菌等營養素的泡菜，能夠增加腸胃道益菌，促進胃蛋白酶分泌，幫助消化；它豐富的纖維質能促進腸道蠕動，預防便祕，同時降低膽固醇，因為這些優點，也越來越受外國人的歡迎。

在韓國各地，因物產不同所發展出的泡菜種類相當多，除了外國人熟知的白菜泡菜外，還有不辣的、冷的、熱的、乾的、附湯汁的、使用不同材料醃漬成的泡菜，像是加入生海鮮一同醃漬的明太魚白菜泡菜、牡蠣蘿蔔莖泡菜；爽口的水泡菜、醬油調味的醬油泡菜、微苦的苦菜泡菜；以醬油蟹醬調味煮著吃的蟹鍋泡菜及在墨魚肚子裡塞滿調味料的墨魚泡菜……琳瑯滿目，據說共有兩百餘種。

韓國人喜愛泡菜的程度已到了「創意無限」的地步，除了直接食用，並以泡菜為基礎，發展出各式各樣的料理，例如：泡菜煎餅、泡菜炒飯、泡菜水餃、豬肉燉泡菜，甚至泡菜漢堡、泡菜披薩、泡菜鬆糕、泡菜巧克力……都在泡菜的應用範圍內，有機會去韓國旅遊的話，一定要嘗試看看喔！

永遠吃不膩的高麗味

花樣男子流星花園／第 9 集

동배추김치
白菜泡菜

44

材　料：
約 2 公斤大白菜 ... 1 顆
白蘿蔔 .... 1 條
糯米粉 .... 30 克
水 .... 1100c.c.

調味料：
鹽 .... 適量
辣椒粉 .... 1 杯
糖 .... 3 小匙
蒜泥 .... 2 大匙
薑汁 .... 1 大匙
魚露 .... 1/3 大匙

做　法：

1. 將大白菜整顆直立，從根部以十字刀剖開約 1/3，其餘用手撕裂成四等份，浸泡在以鹽
   60 克、水 1000c.c. 所調製的鹽水中。

2. 浸泡約 5 分鐘即可取出，接著在每一片白菜葉面靠根部的部分，均勻撒上鹽後，另置於
   大容器中，以適當重量施壓，靜置約 30 分鐘（視葉片軟化程度調整），使白菜脫水，
   中間記得將大白菜上下交換位置擺放。

3. 糯米粉加 100c.c. 的水調勻，以小火煮成半透明的糯米糊。

4. 在糯米糊中加入不易溶化的辣椒粉 1 杯、糖 3 小匙、鹽 3 小匙，放涼後，再加入剩餘
   調味料拌勻備用。白蘿蔔切成絲，拌入前面做好的調味糯米糊中，做成醃料。

5. 取出脫水完畢的大白菜，充分清洗後，輕輕甩乾水分，菜心部分朝下置放約半天，徹底
   瀝乾。

6. 將醃料輕柔仔細地塗抹在大白菜的每一處，整顆塗滿後，捲起菜葉尾，用最外面的兩葉
   包覆整顆泡菜，放入適當的加蓋容器中，使其發酵（發酵時間：夏季約一個晚上、冬季
   則為兩天），發酵後放入冰箱，經過 2 至 3 天熟成期，即為健康又美味的自製白菜泡菜。

老闆的話

（1）市面上常見加入紅蘿蔔絲的泡菜，但其所釋放的胡蘿蔔素會破壞泡菜裡的維他命 C，
請斟酌使用。（2）不同季節的白蘿蔔辛辣、甜度不同，夏季時可買進口長形；冬季則選
台灣土產圓胖形。（3）大白菜建議挑選長形高山產大白菜；不要選購過重的，以免內層
葉片生長太過緊密，不利醃製。

장난스런키스
惡作劇之吻

純白的麵條，純粹的美味與心意

2010 年 韓國 MBC ／ 2010 年 台灣緯來電視台

金賢重 — 飾 白勝祖 　 IQ200，學業、運動、才藝樣樣第一名的高材生
鄭素敏 — 飾 吳哈妮 　 頭腦簡單，對於贏得白勝祖擁有窮追不捨的熱情
李泰成 — 飾 奉俊久 　 成績永遠倒數第一，對哈妮死心塌地的護花使者
李詩英 — 飾 尹赫拉 　 高傲又美麗的校園美女

드라마소개
劇情簡介

對於 IQ200、課業成績和運動表現「萬年第一」的白勝祖來說，天底下還有什麼難得倒他的事情呢？有！那就是把成績一級爛、什麼都不會的吳哈妮從自己的身邊趕走！因為一個無心的惡作劇之吻，吳哈妮從此黏上了她的白馬王子白勝祖，還住進他的家裡。這個傻得可愛、為愛向前衝的吳哈妮，加上一群在旁邊敲鑼打鼓的家人們，同心協力上演了一齣幸福滿溢的青春喜劇。到底，哈妮要如何才能攻佔勝祖的心呢？

＊　＊　＊

改編自漫畫的「惡作劇之吻」，將天馬行空的想像力發揮到極致，跳脫邏輯思維的框架後所展現的戲劇效果，也把觀眾們逗弄得哈哈大笑。那些看似荒誕的情節背後隱藏著作者想要傳達的溫馨，試圖讓觀眾們在心情放鬆之餘，也能從劇中的故事得到感動與勇氣，「啊！我也要像女主角那樣熱情地活著才行！」相信這也是無敵高中生白勝祖心底的聲音。

看看男女主角之間幾句簡單的對白，就會明白「天才不見得比較快樂」的假設並沒有錯……

勝祖：「人怎麼知道自己喜歡什麼？」

哈妮：「遇到喜歡的東西，這裡會跳不是嗎？爸爸說，直到現在聞到麵條的香味，他的心
　　　還會噗通地跳呢。」

勝祖：「那種感覺我也想經歷一下……」

對勝祖來說，天底下沒有新鮮事，唯獨令他不明白的是，為何哈妮就是趕也趕不走？他抱持著看笑話的心態，冷眼旁觀哈妮又會為自己做出那些傻事，但天知道，無所不能的勝祖竟然被這個傻乎乎的女生教會什麼是「擁有夢想」、「心會跳動」的感覺。這就是「純粹」所展現的力量，因為，勝祖是哈妮唯一的夢想、唯一努力的目標，只要得到聖祖，對她來說，就如同擁有整個世界了。如果這世界上有一所白勝祖大學，不用說，吳哈妮絕對拚死拚活也要以第一名考進去！

說到大考，其實韓國社會同樣深受「讀書至上」的觀念影響，因此韓國學生的升學壓力也不比台灣少，據說有些升學補習班甚至到午夜一點才下課！想要成為劇中男主角勝祖那樣實力和自信兼具的名牌大學學生，不只需要卯足全力，更要擁有超人般的強健體魄與多一點點的好運才行！這個時候，「不落粥」就是最棒的保健良品啦！

한식 이야기
韓食小故事

在大考前夕，為了幫大家加油打氣，經營餐廳的哈妮爸爸特地為考生們準備的就是「不落粥」，它有「不會從榜上掉落」的含意。考試前，考生們難免比較緊張，粥品無疑是最容易吸收消化的食物；不落粥的材料除了白米外，主要就是牛肉丁跟章魚腳，牛肉原本就是富含營養的食材，而章魚則擁有豐富的礦物質及對強健腦部機能有幫助的牛磺酸成分。加入這兩樣食材熬煮至柔軟好入口的不落粥，對用腦過度的考生來說，是補充所需養分及DHA 最好的食物。吃下這一碗粥，就像章魚一樣，把心目中理想的學校給緊緊抓住吧！

想到勝祖還沒吃到不落粥，哈妮特地請爸爸多準備了一碗。不需要太多複雜的心思，食物，就是最原始的呵護、最容易打開人心的那把鑰匙……

불낙죽
不落粥

材　料：　　　　　　　調味料 A：

牛肉......80 至 100 克　醬油..........2 小匙

章魚...........1 隻　鹽..........1/2 大匙

麵粉.........2 大匙　料理酒......1/2 大匙

紅蘿蔔.......1/2 根　芝麻油......1/2 小匙

韭菜.......1 至 2 支

白飯...........1 碗　調味料 B：

高湯........500c.c.　芝麻、鹽.......適量

做　法：

1. 牛肉浸泡於冷水中 1 小時左右，去除血水。取出後剁成小丁，加入調味料 A 拌勻，靜
   置 15 至 30 分鐘。

2. 用刀將章魚頭部與足部中間橫劃一刀，但是不要切斷，就可以把章魚頭內部翻出來，
   取出內臟和墨汁囊，再以麵粉、鹽搓揉章魚，去除黏液及雜質。充分搓揉後，以清水將
   章魚洗淨，沖到沒有白沫為止，章魚嘴、眼睛切除不用。處理完畢後，取章魚腳的部分
   切成小丁備用。

3. 紅蘿蔔去皮，與韭菜一起洗淨後，切成與牛肉、章魚差不多大小的丁狀。

4. 以適量芝麻油，分別將牛肉及章魚炒至半熟備用。

5. 取一小燉鍋，放入白飯、高湯，以中小火將米粒熬煮成好入口的細粥。

6. 加入所有配料後，繼續熬煮 10 分鐘左右關火，即可裝盛上桌，再依個人喜好添加芝麻、
   鹽調味。

老闆的話

不落粥中，除了章魚以外的其他配料，都可依個人口味增減用量或更
換材料。

파스타
料理絕配
PASTA

2010 年 韓國 MBC ／ 2010 年 台灣東森電視台
李善均 ― 飾 崔賢旭　　堅持美味無可妥協的頂級義大利餐廳主廚
孔孝珍 ― 飾 徐有卿　　為了成為義大利料理廚師，什麼苦都能吃的廚房小助理
ALEX ― 飾 金　山　　默默疼惜及支持徐有卿的義大利餐廳幕後老闆
李荷妮 ― 飾 吳世英　　崔賢旭的前女友，以名女廚的身分活躍在義大利料理界

드라마소개
劇情簡介

在義大利接受過最嚴格訓練的崔賢旭，接受「LA SFERA」義大利餐廳的聘請回國擔任主廚。
在感情上曾經狠狠摔過一跤的他，最受不了的就是有女人出現在廚房裡，偏偏已經當了三
年廚房助理的徐有卿卻發誓，一定要成為「LA SFERA」最出色的義大利料理廚師！在這裡，
火爆的地獄主廚和打死不退的廚房助理，要如何捍衛他們各自的尊嚴與信仰呢？混雜著曖
昧的愛情火花，熊熊展開！

＊　＊　＊

看完「料理絕配 PASTA」，彷彿也跟著談了 20 集洋溢著義大利麵濃郁香氣的戀愛。據說
當時在韓國播映時，看完電視後跑去超市買材料回來照著做的觀眾還不少呢！不只美食誘
人，所謂「曖昧的愛情最美麗」，劇中火爆主廚賢旭跟廚房小助理有卿想愛卻又得偷偷來
的辦公室戀情，更是吊足了觀眾胃口。

既然主廚痛恨和自己身邊的廚師談戀愛，那有卿離開這一家餐廳不就好了嗎？但她反而想

盡辦法繼續待在「LA SFERA」。我很佩服有卿在面對去留的兩難時，並沒有選擇草率地對待自己的理想，在她心中，拚命做到最好就是她對主廚愛的至高表現。無論面對理想還是愛情，有卿永遠都是卯足全勁、往前衝刺，這種打死不退的精神，便是「料理絕配PASTA」最耀眼的光芒。

在這部戲裡，我們可以看到料理人發揮創意的美食魔法。雖然是以義大利料裡為主題，不過後半場卻意外出現了韓國重量級的食材——人蔘！神祕來訪的客人點了菜單上沒有的人蔘義大利麵，在沒有火爆主廚的廚房裡，有卿只好硬著頭皮上戰場，以主廚失敗的食譜為基礎，憑靠自己不斷的摸索及嘗試，成功地做出人蔘義大利麵。連主廚的老師都大感滿意地對她說：「不管是主廚或是老天爺給的食譜，妳都要勇敢地去改、不斷地去改。」勇於挑戰權威，才會讓我們的世界越來越美好，一盤人蔘義大利麵不只讓我們見識了東西方美食的完美結合，也領悟了「相信自己」的重要。

한식 이야기
韓食小故事

人蔘以溫和補元氣、促進新陳代謝、強身健體等多方面的療效廣為人知，朝鮮半島因適當的緯度、氣候、土壤等有利因素，培育出優良的高麗人蔘，其中又以韓國中部錦山一帶所產的人蔘最為有名。高麗人蔘分為紅蔘跟白蔘兩種，都是以直接從田裡採收的水蔘做為製作原料，人蔘義大利麵所用的便是水蔘，要讓人蔘入菜的料理美味可口，最重要的關鍵就是去除人蔘的那股苦味；在戲裡面，有卿的巧思就是用牛奶去煮水蔘！加了牛奶之後，人蔘義大利麵就變溫柔了，很像遇到有卿後的火爆主廚！

把新鮮的水蔘跟牛奶用果汁機打在一起喝，不只去苦味，更可以幫助人體吸收人蔘的營養，是不是非常MATCH的組合呢？若再加上一點蜂蜜的話，甜蜜度馬上破表！拋掉對人蔘的刻板印象，讓我們跟人蔘義大利麵談場元氣十足的戀愛吧！

인삼파스타
人蔘養氣義大利麵

材　料：
新鮮人蔘......2 至 3 根
鮮奶..........500c.c.
蒜頭..........1/2 個
洋蔥..........1/2 個
芹菜.......... 適量
無脂肪牛絞肉...100 克
豬絞肉........100 克
義大利長麵.....150 克
番茄糊.........2 大匙

調味料：
鹽............ 適量
黑胡椒......... 適量
橄欖油......... 適量
紅酒..........1/2 杯

做　法：
1. 新鮮人蔘清洗乾淨後，切成約一公分左右塊狀，放入小鍋內與鮮奶以小火熬煮，約 20
   分鐘後取出，再剁成小塊。
2. 蒜頭切片，洋蔥、芹菜切成適當大小備用。
3. 牛絞肉及豬絞肉加入少許鹽、黑胡椒及橄欖油攪拌均勻備用。
4. 炒鍋中放入適量橄欖油、大蒜、豬絞肉炒香後，放入洋蔥、芹菜、人蔘，略微拌炒。
5. 放入牛絞肉、番茄糊（TOMATO PASTE）、紅酒，用小火煮 20 分鐘。
6. 義大利長麵用加了鹽、橄欖油的滾水煮 6 分鐘撈起。
7. 將煮好的義大利麵放入炒鍋中稍微翻炒一下，即可裝盤。

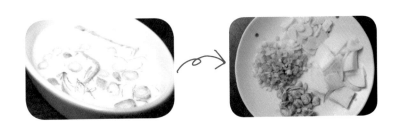

老闆的話

先將豬絞肉入鍋炒，是因為可以利用豬肉豐富的油脂帶出其他材料的香氣，
而牛絞肉的油脂比較少，後炒才不會變得太乾、太老，不要忘了先後順序喔！

料理絕配 PASTA
BUONA SERA 보나세라

　「BUONA SERA」義大利餐廳正是「料理絕配 PASTA」中眾廚師們一展身手的舞台。也因為在這個餐廳裡，和著想念媽媽的淚水一起吃下去的義大利麵實在太好吃了，女主角有卿才下定決心，非要在這裡成為頂尖的義大利料理廚師不可！

不只是戲劇效果，「BUONA SERA」在首爾江南一帶還真是赫赫有名的義大利餐廳。江南區狎鷗亭附近是歐美時尚名品店及餐飲名店聚集的商業精華區，在這個寸土寸金的黃金地段裡，「BUONA SERA」獨棟高挑的建築本身就很吸睛，而一手打造「BUONA SERA」閃亮招牌的正牌主廚 Sam Kim 是最重要的靈魂人物，「料理絕配 PASTA」裡出現的料理也全是 Sam 主廚的心血傑作。Sam 主廚畢業於美國好萊塢的 Kitchen Academy，回到韓國後，除了專注於「BUONA SERA」的事務以外，還活躍於電視美食節目，2010 年更出版了與連續劇同名的義大利料理書—PASTA（파스타），真不知道是餐廳紅還是人紅，經常會有老饕粉絲們出其不意地帶著書到餐廳裡用餐，並請 Sam 主廚當場簽名留念呢！

若於中午前往用餐，只要晚餐一半不到的價格，就可享受包含前菜、主餐、任選手工義大利甜點及飲品之精緻套餐！

首爾市江南區新沙洞 650-1 號
（서울 강남구 신사동 650-1 번지）

📞：02-543-6668

🕐：12:00 ～ 15:00（午餐）
　　　18:00 ～ 23:00（晚餐）

精選午間套餐／₩ 25000 至 ₩ 42000

搭乘地下鐵 3 號線於狎鷗亭站下車，3 號出口
網址：http://www.buonasera.co.kr/

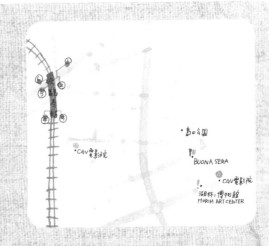

韓流食器與用具

因應韓國料理中特有的烹調方式及吃法，發展出了許多特殊又有趣的食器與用具。目前在台灣要購買這些相關食材或器具已經越來越容易，西門町西寧南路附近、永和中興街都有些實體店面，或是上網路商店購物也很方便。（詳見 P. 190）

湯匙筷子 수저 / 숟가락、젓가락

可說是相當能代表韓國特色的食器，用長柄湯匙舀湯喝時，最能體會它的巧妙設計。閃耀著金黃色澤、傳統宮廷用的稱為鍮器，乃深具韓國古風的推薦好物。

飯碗 주발、공기、밥그릇

有陶、瓷、金屬等不同材料及花色。具內外兩層及附蓋的金屬材質飯碗除了可以保溫，還可防燙，常有遊客買回家當作韓國之旅的紀念品，大型超市裡皆有販售。

湯麵碗 대접、탕기、면기

湯麵碗口較大、略深，材質也分多種，拿來裝年糕湯、拌飯、湯麵都很適合。表面繪有韓國傳統花草圖案或吉祥漢字的禮盒組，自用或饋贈親友兩相宜。

陶鍋 뚝배기

可直接放在爐火上烹煮泡菜鍋、韓式味噌鍋或盛放雪濃湯的深色湯鍋。雖然受熱較慢，但相對也不容易降溫，從第一口到最後一口都可以喝到熱騰騰的湯汁。

烤肉專用剪刀 삼겹살용 가위

烤肉專用剪刀也是韓國飲食文化裡特有的器具,前端比較長,方便烤肉時將肉剪成適當大小,也用在吃冷麵時將麵條剪短。可選購尖端部分有安全設計的剪刀。

淺盤鍋具 전골냄비

可直接置放於活動爐具上的淺盤鍋,雖依作用細分多種,但基本上只要深淺適中,也可以廣泛運用於製作炒年糕、部隊鍋、馬鈴薯鍋或韓式火鍋等料理。

白銅泡麵鍋 양은냄비

白銅鍋價格便宜、復古風濃厚,因傳熱快的特性最適合拿來煮泡麵用,肚子餓時,只要幾分鐘,馬上就可以享受一鍋香噴噴、超有彈性的辛拉麵。

石鍋 돌솥

石鍋因傳熱均勻,煮出來的飯香氣十足。可用來製作石鍋拌飯或是搭配豆腐鍋,熱飯取出後,趁石鍋還熱時加入開水,稍微悶一下,就是好喝去油膩的鍋巴湯。

第 3 回

校園美眉
青春無敵

넌 나에게 반했어
你為我著迷

葵媛和爺爺就住
在北村的韓屋裡

2011 年 韓國 MBC ／ 2011 年 台灣緯來電視台

鄭容和 ─ 飾 李 信　　藝術大學實用音樂系學生，單戀舞蹈系教授
朴信惠 ─ 飾 李葵媛　　藝術大學國樂系學生，被視為伽倻琴天才
宋昌義 ─ 飾 金石賢　　慶祝大學成立 100 週年的音樂劇編劇及總導演
蘇怡賢 ─ 飾 鄭允秀　　曾為了理想，甩掉金石賢的舞蹈系教授

드라마소개
劇情簡介

實用音樂系學生李信在課堂上一句「伽倻琴的演奏讓我想睡覺」的話，引起了西洋及國樂
兩派學生大動干戈，他們為了捍衛各自的最愛，而展開一場攻防戰。然而，為了慶祝學校
成立一百週年的音樂劇公演，讓兩派學生不得不暫時放下成見，攜手合作。原本井水不犯
河水的音樂派別漸漸地被融合在一起，而負責編寫公演結尾曲的李信，以及被點名擔任指
導李信國樂知識的李葵媛，也在這股微妙的氣氛中，譜出一段充滿學院風的青春戀曲……

*　*　*

「被女人甩掉，是世界末日嗎？」

就是這麼一句最不中聽、卻最實在的話，深深的刺傷了「你為我著迷」中，一向高傲的校
園王子李信，但也終於讓他下定決心，放棄自己對舞蹈系教授那段長久的單戀；李信和葵
媛剛認識時，葵媛就像顆安靜地待在角落的小南瓜，但曾幾何時，李信早已習慣有她圍繞
在身邊的日子，也慢慢發現，這個普通的女孩不凡的那一面。

哎，和爺爺一起住在傳統韓屋、出生國樂世家的伽倻琴傳人，像葵媛這樣的女孩怎麼會平凡呢？說來，人深陷一段感情時，還真是什麼都看不見啊！不過對葵媛來說，走進李信內心的過程，或許也是一種自我探索。像青蘋果一般，帶著酸甜滋味、朦朧的愛戀，嘗起來就是這樣嗎？每天只關注著一個人、所有生活中開心、難過的事都只想與他分享；無論如何裝腔作勢、無視自己的存在，對於他的使喚，卻總是無法忍心拒之不理；所有願望，努力幫他實現，就像在戲中，李信妹妹輕描淡寫地謊稱「哥哥想吃煎餅」，就讓葵媛乖乖地在大半夜起了煎鍋、細心地切著一片片新鮮櫛瓜、裹上薄薄的煎粉，煎出一盤漂亮的煎餅。託哥哥的福，吃到煎餅的妹妹年紀雖小，卻把葵媛的心情全都看在眼裡。哎，這一盤漂亮的煎餅代表的不是愛，又是什麼呢？

在戲中，葵媛所煎的櫛瓜煎餅，只要有蛋、麵粉跟櫛瓜就能搞定，雖然櫛瓜在台灣有點貴，在韓國，卻是連雜貨店都買得到的蔬菜。其實用來製作煎餅的食材種類很多，南瓜、茄子、青辣椒、剁碎的魚肉、豆腐等等都可以，櫛瓜煎餅算是其中簡單易做的。裹上蛋汁煎粉、用秀氣的紅辣椒圈做為裝飾的櫛瓜煎餅，看似簡單，但煎粉要裹得厚薄合宜、放入煎鍋後要像葵媛那樣煎出兩面淡金黃的美麗色澤，也是需要練習的喔！

櫛瓜（호박），也稱作夏南瓜，長得像台灣常見的大黃瓜，不過體型略小、顏色較淺，口感較甜且細，皮嫩不用削皮是其特點，台灣較少見，常見於歐洲料理。櫛瓜在歐洲、韓國都是物美價廉的蔬果，食用方式非常多元，可以涼拌做為小菜、也可以切丁放入各式湯鍋中，增添湯品的鮮甜。

한식 이야기
韓食小故事

關於煎餅還有一個有趣的小故事，韓國人說遇到下雨天就會讓人特別想吃煎餅，是因為煎餅在油鍋裡煎炸的聲音，像極了敲打在屋頂、地面的落雨聲；陰雨綿綿的天氣也容易讓人心情跟著鬱悶起來，據說麵粉裡的某種物質吃了會讓人心情變好，就像巧克力的作用一樣，所以每當遇到下雨的日子，韓國的煎餅小食店裡總是坐滿了特地來吃煎餅的客人，搭配幾杯甜甜的濁米酒（막걸리）下肚後，鬱悶的心情也跟著一掃而空。

像南瓜一樣平凡存在的鄰家女孩

你為我著迷／第 6 集

호박전
櫛瓜煎餅

62

材　料：
櫛瓜...........2 條
雞蛋...........2 顆
麵粉..........2 大匙
青辣椒.........1 根
紅辣椒.........1 根
食用油......... 適量

調味料：
鹽..........1/2 小匙
醬油..........1 小匙
食醋..........1/2 小匙
辣椒粉......... 少許

做　法：

1. 櫛瓜清洗乾淨後截頭去尾，剩餘部分切成 0.5 公分左右寬度之圓片。

2. 青、紅辣椒橫切成小圈。

3. 取一小醬碟，倒入醬油、食醋、辣椒粉拌勻，製成沾醬備用。

4. 雞蛋打成均勻蛋液，並加入鹽打散。

5. 櫛瓜片兩面均勻沾上薄薄一層麵粉後，再沾取蛋液。

6. 櫛瓜片上點綴數個青、紅辣椒小圈後，入油鍋用小火煎，煎至櫛瓜微軟且兩面皆成金
   黃色後即可起鍋裝盤。

老闆的話

　　上桌時，千萬別忘了附上調好的沾醬。沾點醬，馬上就
可以誘發出櫛瓜煎餅更出色的滋味！

공부의신
學習之神

柏賢常來華虹門
附近散心沉思

2010 年 韓國 KBS ／ 2010 年 台灣東森電視台

金秀路 — 飾 姜錫浩　　出身不良少年、現實主義的貧窮律師
裴斗娜 — 飾 韓秀晶　　以教育為天職、真心替學生設想的老師
俞勝豪 — 飾 黃柏賢　　自尊心強、與奶奶相依為命的早熟男孩
朴智妍 — 飾 羅賢靜　　缺乏家庭溫暖又想擺脫不堪過去的轉學生

드라마소개
劇情簡介

姜錫浩律師接獲工作任務，來到面臨倒閉的三流學校——炳門高中。當姜錫浩見到本性善良，只是迷失方向、不知何去何從的學生們後，他決定拯救這所學校，開設只有五名學生的第一屆「名校天下大學升學特別班」，並親自擔任班主任，聘請名師來教導學生各科的應考、學習訣竅。五名學生進入這個班級後，不但學會讀書技巧，也漸漸看清自己想要的人生藍圖，擁有創造未來的勇氣與自信。

＊　＊　＊

「學習之神」是由日本人氣漫畫《龍櫻》（台譯：東大特訓班）改編而成的韓劇。該劇在韓國一開播便受到相當的注目，更連續八週蟬聯收視冠軍寶座，許多考生紛紛上網表示因這部戲受到莫大的鼓舞，因此被媒體譽為「善良優質連續劇」。連劇中飾演姜錫浩律師的演員金秀路，甚至以打造第一學府推手的姿態，接下「金秀路的名門大學特別班」綜藝節目，此劇深入民心的形象及影響力由此可見，也讓我們再次見識到韓國社會對於教育與升學的重視程度。

除了帶領學生們走出徬徨的熱血律師外，劇中學生們與其家人間的親情故事也感動了許多觀眾。如柏賢和相依為命的奶奶就是一例：「學習之神」中，柏賢年邁的奶奶盡力想提供孫子一個良好的生活、學習環境，她拖著佝僂的身軀到處幫人打掃，步伐蹣跚的背影不但打動了觀眾的心，也感動了孫子。起初柏賢瞞著奶奶預備輟學工作，直到吃了奶奶準備的火腿腸、雞蛋捲便當時，想起奶奶辛勤工作的身影、對自己的期許，才終於下定決心接受律師的幫助，進入特別班，全力衝刺大學入學考試。

我有個外派到台灣工作的韓國工程師朋友，和柏賢有著類似的故事，這位朋友小時候家境本來是不錯的，但上了國中三年級，家中遭逢重大變化，家中餐桌上的「家常菜」從原本營養豐盛的菜餚變成了泡麵小菜，但即便經濟窘迫，父母親還是省吃儉用地替正在應考的他準備愛心飯盒，而當年的便當菜色多半就是三根火腿腸和雞蛋捲。如今生活堪稱優渥，想起當時的便當，反而是另一種懷念。

한식 이야기
韓食小故事

煎火腿腸及雞蛋捲並不算是韓國的固有料理，但因為大眾接受度高、老少咸宜，連「食客」男主角金來沅所出版的料理書也特地列入了雞蛋捲教學，可見雞蛋捲雖然普遍，要做出極品雞蛋捲可是需要一點功力喔！看看「花樣男子流星花園」中的金絲草便當，那黃澄澄、煎得軟嫩恰到好處的雞蛋捲多吸引人，也難怪俊表少爺如此魂牽夢縈，連失憶之後都還想著它呢！

在韓國，還找得到販賣這種古早味便當的餐廳，長方形白銅復古便當盒裡，白飯上擺放著火腿腸、雞蛋捲、泡菜以及海苔絲，特別值得介紹的是這復古便當的吃法，若是像拌飯那樣用湯匙拌著吃就遜掉囉，蓋起便當蓋後，雙手握穩便當盒，用力上下左右晃動便當，讓所有配菜充分混合均勻的吃法，才是道地古早味便當的吃法喔！

소시지 계란마리
火腿腸、雞蛋捲

材　料：
小熱狗........6 條
雞蛋..........4 顆
洋蔥..........半顆
紅蘿蔔........半條
蔥............3 支

調味料：
鹽........1/4 小匙

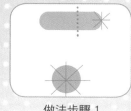
做法步驟 1

做法步驟 2

做　法：

1. 取一條小熱狗，將一端以剪刀剪成「米」或「十」形（勿剪斷，約 1/2 長度即可）。

2. 取一條小熱狗，橫切成兩片。取其中一片將兩端各剪三刀（勿剪斷，兩端各約 1/3 長度即可）。

3. 洋蔥、紅蘿蔔去皮，與蔥一起剁成末。

4. 取一大碗，打入四顆蛋，加入洋蔥末、紅蘿蔔末、蔥末及鹽後，稍微用點小力，均勻混合蛋液、蔬菜及些許空氣。

5. 將剪好的小熱狗放置平底鍋中，以小火輕柔煎熟，便成為章魚及螃蟹造型熱狗。

6. 平底鍋輕輕抹上一層油，倒入準備好的 1/2 蛋液，以小火慢煎，當蛋液底部成形、表面呈半熟狀態時，從邊緣開始翻捲蛋皮，成扁平捲狀後，裝盤待用。

7. 重複做法步驟 6，當蛋液表面呈半熟狀態時，將一旁煎好待用的蛋捲疊在鍋中的蛋上，一起捲成扁平蛋捲。小心翻轉，兩面皆成金黃色即可起鍋，待微涼分切，即成五彩繽紛的雞蛋捲。

老闆的話

熱狗雞蛋捲也是好吃又漂亮的便當菜，將蛋液倒入平底鍋中，以小火慢煎，放上 1 條小熱狗，輕柔地以蛋皮將熱狗包覆在中心，微涼後，切成寬度約 2 公分容易入口的大小即可。若家中無方形平底鍋，用一般平底鍋替代也可。

드럼하이
夢想起飛
DREAM HIGH

第一季　2010 年 韓國 KBS ／ 2011 年 台灣東森電視台
金秀賢 — 飾　宋森動　　隱身在農村的璞玉，開朗樂觀，對高慧美一見鍾情
裴秀智 — 飾　高慧美　　自尊心強，擁有美麗的嗓音，因為同學而心生競爭欲望

第二季　2012 年 韓國 KBS
鄭珍雲 — 飾　陳有珍　　校園裡的問題學生，期待做出自己的音樂
朴智妍 — 飾　LEON　　外表美麗、內心寂寞又自我孤立的女子團體成員

드라마소개
劇情簡介

一個又一個出生背景與才能各不相同的孩子，為了有一天能站上光榮的舞台，而進入麒麟
藝術高中。在老師的引導及同學們互相加油打氣的陪伴之下，他們在充滿挫折與各式衝撞
的環境裡漸漸成長。然而，盛名一時的麒麟藝術高中也面臨了經營危機，OZ 經紀公司便乘
機入主麒麟藝高，將學校當作練習生訓練所般經營，連旗下偶像明星也入學，和原來的學
生們一起學習競爭。且看學生們在築夢過程中如何屢遭信心的打擊，又如何努力通過夢想
的試煉！

＊　＊　＊

「大家都知道吧！天鵝為了優雅地在水面上站立，不知道有多麼努力地動著腳，為什麼那
樣呢？因為停止那雙腳的瞬間就會死的！」──玄智秀老師

「夢想起飛 DREAM HIGH」最初由韓國三大音樂經紀公司中的 JYP 經紀公司，與極具影響
力的演員裴勇俊聯手打造，由於第一季的大成功，連老大哥 SM 經紀公司也加入了第二季的

製作，優美悅耳的樂曲貫穿全劇，猶如欣賞一齣現代音樂劇。「夢想起飛 DREAM HIGH」以藝術高中為題材，也記錄了娛樂經紀公司旗下練習生的集體住宿培訓生活，讓觀眾得以一窺演藝界的生態，寫實的情節也反映出某些不肖經紀公司急功近利的畸形手段。雖然是經紀公司也投入製作的一部戲，但它仍然如實的呈現了藝人們光鮮亮麗背後不為人知的辛苦與忍耐。

然而，就算高度競爭的演藝界中仍然存在著溫情與理念，就像在第一季裡的姜伍赫老師、施景珍老師，第二季裡的朱正沅校長，都是真正關心學生的好人，為了讓學生成材，他們不斷默默地付出心力。在第一季中，學生鎮國受傷住院、餓肚子的時候，姜老師不斷關心慰問並請他吃飯，為了證明「就算成功只有 0.00001% 的機會也不是渺然全無希望」，他甚至和鎮國打賭自己能比電梯還更快爬到十一樓……正因為這份堅持不懈的精神，鎮國終於被姜老師的苦心說服，進入麒麟藝高。

한식 이야기
韓食小故事

劇中，讓鎮國連續吃了七碗的「湯飯」，就像姜老師一樣讓人備感溫暖，而湯飯的由來也有著溫馨的典故。相傳湯飯源自於過去宮廷裡舉辦大型活動或宴會時，為了招待眾多的士兵、表演藝人，將許多飯、菜、湯煮在同一鍋，因而產生的料理；也有一說是由過去祭祀結束後，子孫們一同分享祭品、飯菜的風俗所轉變而來。不論最初的原意為何，湯飯都代表著眾人齊聚一堂、分享美食的意涵。

湯飯因配料不同，有多種口味可供選擇，像是醬湯飯（장국밥）、牛肉湯飯、豬肉湯飯、血腸湯飯、黃豆芽湯飯……等，都深受韓國人歡迎。

돼지국밥
豬肉湯飯

材　料：

豬骨..........600 克
豬腿肉........400 克
生薑.............6 片
蔥..............5 支

調味料：

鹽、胡椒粉......適量
胡椒粉........2 大匙
蒜泥..........2 大匙

做　法：

1. 豬骨及豬腿肉浸泡於冷水中 2 小時以上，充分去除血水。

2. 去除血水後的豬骨，用熱水燙煮 5 分鐘左右後取出，充分沖洗，再放進乾淨的鍋中，放入八分滿的乾淨冷水及生薑 6 片、蔥 5 支，開大火，待水滾後轉中火，繼續熬煮約 3 小時，製成高湯備用。熬煮過程中，持續撈除雜質浮沫及過多油脂。

3. 豬骨高湯熬煮中途，在鍋中放入豬腿肉一起燉煮至熟軟。

4. 混合所有調味料，調製成湯飯佐醬。

5. 豬腿肉切片，放入煮滾之高湯中，撒上些許蔥花即可上桌。食用前，再依個人喜好添加白飯及佐醬。

老闆的話

清爽或是香辣的湯飯各有人愛，若是喜歡蝦醬特有的鮮味，也可酌量添加，讓湯飯的味道更加濃郁帶勁。

傳說中的店！

夢想起飛 DREAM HIGH 2
SCHOOL FOOD 스쿨푸드

初識「SCHOOL FOOD」連鎖餐廳的時候，因為太過驚豔而胡亂猜測起這家餐廳的經營理念，後來才知道，店家果真是為了想把在學校附近常吃的一些小吃，用比較精緻的方式呈現出來，所以才開始了這家餐廳。簡單來說，就像是把台灣的陽春麵店改造成星巴克咖啡的意思。在時髦、具有設計感的用餐環境裡享用本土美食雖然創新，尤其難得的是它還保留了小吃該有的原味，「SCHOOL FOOD」充分證明了小吃也可以吃得很優雅、很有氣氛！打開 MENU 時，平實的價位更是讓人不禁微笑。

在「夢想起飛 DREAM HIGH 2」中，「SCHOOL FOOD」特別客串演出，化身為麒麟高中的學生餐廳，有趣的是這次不是演員們到店裡面演出，而是劇組幾乎把整個「SCHOOL FOOD」江南店重現在攝影棚裡！江南店是 2011 年才開幕的分店，也是這家餐廳所有分店中最具時尚感的一間，到底搭景和真實店面像不像？大家不妨親自到「SCHOOL FOOD」江南店走一趟就知道。

**美食地圖
PLUS**

首爾市瑞草區瑞草洞 1317 號

（서울 서초구 서초동 1317 번지）

📞：02-511-7127

⏰：10:00 ～ 22:30

特選綜合紫菜捲／₩ 7500

蜂蜜年糕爆米香／₩ 6000

🚗

搭乘地下鐵 2 號線於江南站下車，10 號出口

網址：http://www.schoolfood.co.kr/

韓流料理名詞解説

讓我們來學一些韓國料理的專有名詞，在這些名詞裡，有些既是烹調方式，也常見於料理名稱當中，一邊學習這些烹調方式，也順便學些美食韓語吧！

燉煮 찌개

直接用一人份小陶鍋加入各種蔬菜及湯汁燉煮的鍋料理。台灣流行的泡菜鍋、豆腐鍋就是源自於這種烹調方式，但在韓國本地通常湯汁較少、口味較濃厚。如：泡菜鍋（김치찌개）。

蒸 찜

將魚肉蔬果加入調味醬料，蓋上鍋蓋後以燜煮的方式料理食物，或是只用少許水去烹煮的方式也稱之，如：蒸蛋（게란찜）。

包 쌈

用各種生菜葉、醃白蘿蔔片、年糕片或海苔將料理過的肉類、海鮮加上醬料、白飯包起來吃的方式。配菜或醬料的種類隨著各家口味而有著非常多元的選擇。如：生菜包肉（보쌈）。

火鍋 전골

韓式火鍋指的是將魚肉海鮮、蔬菜百菇切成適當大小後加入高湯裡，一邊烹調、一邊享用的大鍋料理，跟台灣的火鍋吃法很類似，如：鮮菇火鍋（버섯전골）。

炒 볶음

在鍋子裡充分混和各種食材及醬料的方式稱為炒。韓國料理中多以芝麻油來炒煮各式各樣的食材。很多韓國鍋料理吃完後，也會利用剩餘的醬汁，加入白飯、海苔做成香氣四溢的炒飯，如：辣炒章魚（낙지볶음）。

湯 탕

加入各種蔬菜、肉品及大量高湯熬煮的湯鍋料理，韓國料理中湯料理種類相當多，一般多使用牛骨及豬骨高湯，如：馬鈴薯湯（감자탕）。

烤 구이

將各種雞鴨魚肉或新鮮海產用調味醬料醃漬過後，在火上烤熟。也可以不加任何調味醬料，只撒上一些鹽巴，品嘗食材本身的鮮甜原味，如：烤排骨（갈비구이）。

煎 전

各種食材裹上麵粉或其他炸粉及蛋汁後，以油香煎烹調。料理食物時多餘的海鮮或蔬果也會拿來做成煎餅，如：櫛瓜煎餅（호박전）。

滷 조림

魚肉蔬果加入醬油及其他調味料燉煮到水分幾乎收乾的方式稱為「滷」。長時間燉煮後，食材充分吸收了醬汁，味道香醇濃郁。想要多保存幾天的食物，通常就會用滷的方式烹調，如：滷帶魚（갈치조림）。

第 4 回

小資女孩出頭天

자체발광 그녀

自體發光的
那女子

2012 年 KBS-N（KBS Drama）

蘇怡賢 — 飾 全智賢　　直率好勝的輕熟女，為了夢想，毅然轉行成為編劇作家
金亨俊 — 飾 姜 珉　　魅力滿分、自大狂妄的韓流巨星
朴洸賢 — 飾 盧榮佑　　自尊心強的實力派電視台導播，全智賢的前男友

드라마소개
劇情簡介

因為不滿上司的作為，全智賢放棄原本在大企業工作的美好前程，重拾過去想要成為編劇家的夢想。她進入了電視台成為新人編劇，沒想到竟然在電視台與分手三年的前男友盧榮佑重逢，還湊巧地在同一劇組工作。為了力邀當紅明星姜珉出演新節目，智賢使出渾身解數，也因此和姜珉結下難解的緣分，一場愛情爭奪戰就此展開，周旋在新歡與舊愛當中的智賢，到底該何去何從？

* 　* 　*

「自體發光的那女子」是一部輕鬆的愛情劇，女主角全智賢留著一頭俏麗鬈髮，裝扮自然清爽又不失時髦，個性明朗活潑，還同時佔領了大明星姜珉，與實力派導演盧榮佑心中最佳女主角的位置，也難怪不少韓國女生把她當作穿著打扮的仿效對象。

雖說是浪漫愛情劇，但「自體發光的那女子」裡的某些橋段實在是誇張到令人發噱！像是智賢之所以會和大明星姜珉結緣，都要感謝她嘴巴有傷口，又與姜珉共食而感染了 B 型肝炎的霉運所賜；再來，染病的智賢在準備入院治療前，想回家再吃一次媽媽燉的排骨，

竟然因為「怕傳染給五代單傳的哥哥」這種理由，而在自家門前被全家人攔住！總之，雖然不是什麼耗資千萬的大製作，卻是一部能夠讓觀眾在心情放鬆、毫無壓力之下觀看的戲劇小品。

所謂天下父母心，智賢終究還是在醫院裡吃到了母親為她送來朝思暮想的那一味。到底是什麼料理，好吃到讓她連住院前都掛念著想吃呢？答案就是燉排骨。從前它是韓國皇室在宮廷內常吃的料理，主要是使用牛排骨，但流傳至民間後，人們改用價格較便宜的豬排骨來料理，辣度也可以依個人喜好調整。

智賢走過美麗
的清潭洞街頭

大家最熟悉的韓式肉料理莫過於烤肉，不過，韓國料理中有許多比燒烤更健康的燉食料理，例如這道燉排骨。製作燉排骨的主要材料是牛肋骨，去掉多餘油脂的肋骨具有多層次的品嘗樂趣，其中又以細嫩的小牛肋骨為最佳選擇。

這道料理搭配的副食材雖然每家稍有不同，但大多會放入紅蘿蔔塊、洋蔥、香菇及栗子一起燉煮，重視擺盤花樣的人，還可以在上桌前放點蛋絲或紅棗裝飾，就成了色香味俱全的韓國燉排骨囉！一口燉到鬆軟酥爛的排骨肉，一口鹹中略帶甘甜的醬汁拌飯，光是這一道菜，就能扒上三大碗白飯啦！

갈비찜
精燉排骨

材　料：　　　　　　調味料：

牛小排........600 克　　　醬油.........3 大匙
紅蘿蔔..........1 根　　　糖.........2 大匙
白蘿蔔........1/2 根　　　薑汁.........1 小匙
洋蔥..........1 顆　　　蒜泥.........3 大匙
蔥..........2 支　　　紅酒.........3 大匙
紅辣椒........1/2 根　　　胡椒粉.........少許
水..........適量

做　法：

1. 將牛小排放入冷水中浸泡 20 分鐘左右，去除血水。

2. 紅蘿蔔、白蘿蔔去皮切塊，蘿蔔橫切成 1.5 至 2 公分厚之圓片，再切十字刀，分為四
   等分。

3. 洋蔥切大塊，蔥及紅辣椒斜切片備用。

4. 將去除血水的牛小排稍微汆燙後撈起、清洗，切成三小段。

5. 取一燉鍋，放入牛小排和 4 杯水，以中大火煮至牛小排七分熟，再加入其他配料及醬
   油、糖、薑汁、蒜泥、紅酒，大火煮 10 分鐘後轉中火慢燉。

6. 燉煮至湯汁幾乎收乾，加入少許胡椒粉，簡單攪拌後，即可上桌。

老闆的話

（1）燉煮牛肉時，建議可使用紅酒，但不同紅酒之酸甜程度不同，用
在料理的紅酒，適合挑選偏甜的酒類。
（2）除上述基本配料，也可以依個人口味加入泡發後的乾香菇、栗子、
紅棗、銀杏或松子……既養生又可增添牛肉風味喔！

웃어라 동해야
笑吧東海

男女主角甜蜜約
會的晨靜樹木園

2010 年 韓國 KBS ／ 2011 年 台灣八大電視台

池昌旭 ─ 飾 東 海　　孝順懂事的男孩，媽媽是從小就被美國夫婦領養的安娜
陶志媛 ─ 飾 安 娜　　東海的媽媽，心智年齡一直停留在九歲的狀態
朴貞雅 ─ 飾 尹世華　　留學時愛上東海，後因貪愛榮華富貴而遺棄東海的野心女子
吳智恩 ─ 飾 李奉宜　　喜歡東海的 CAMELLIA 飯店廚房助理

드라마소개
劇情簡介

東海和被美國夫婦領養的媽媽安娜長住在美國，他痛恨拋棄媽媽的韓國；小時候受過傷害
而導致心智年齡始終停留在九歲的媽媽，也一直是他心中最重要的人。然而，在認識留學
生尹世華後，東海的人生產生了戲劇性的變化，他為了再次見到畢業後回韓國的女友尹世
華，也為了尋回真正的家人，帶著媽媽重新踏上韓國的土地，開始一段充滿淚水與歡笑的
尋根之旅。

＊　＊　＊

「笑吧東海」總集數長達 159 集，出場人物眾多，是一部人物關係錯綜複雜的家庭倫理劇。
這部戲脫去了偶像劇的童話色彩，在描繪柴米油鹽等日常小事中，讓觀眾們看到了社會不
公、人性黑暗，及小人物的掙扎奮鬥。隨著劇情發展，觀眾也跟著劇中人物一起哭、一起
笑，最重要的是一起「罵」，藉此宣洩平常在生活中、工作上所受的種種怨氣。當最後
壞人得到報應，好人終於得到應有的待遇，大家也跟著大聲叫好。

記得當時「笑吧東海」在台灣播出時，住在我家隔壁的林媽媽突然興奮地跑來跟我說，她

想學東海在廚藝比賽上做的那道人蔘雞，由此可見這些家庭倫理劇在觀眾心目中的重要性，它除了帶來集體砲轟劇情的樂趣外，還豐富了婆婆媽媽們的生活情趣。

讓我來隆重介紹一下，東海代表 CAMELLIA 飯店參加廚藝大賽，經過重重關卡進入總決賽時，為他贏得最後勝利並獲得五千萬韓幣獎金的「人蔘雞」！在比賽過程中，東海說：「我不認為昂貴的食材才能做出好料理，想要發揚韓食，就要從我們飯桌上常看到的材料開始。」在這個以韓食國際化為主題的廚藝大賽裡，東海便以這樣的概念贏得了比賽。若是要推薦去韓國旅遊時非吃不可的美食，相信大多數人都會想到人蔘雞，以它受到觀光客熱愛的程度，說人蔘雞是「韓食界的世界巨星」，一點也不為過呢！

한식 이야기
韓食小故事

在寒冷的天氣裡，你是不是也想要來一盅溫熱的人蔘雞湯呢？不過有趣的是，韓國人反倒比較常在夏天吃人蔘雞。在從前以農耕為主的社會裡，不管多熱的豔陽天，大家還是得汗流浹背的在戶外工作，為了去除暑氣及恢復精力繼續工作，人蔘雞便是「三伏天」裡最好的萬能營養品了。什麼是「三伏」呢？夏季裡最熱的期間稱作「伏」，就是熱到狗都會趴下去的意思，以十天為一個單位，又分為初伏、中伏、末伏，直到現在，韓國人還是保有在這三天當中吃人蔘雞保養身體的習慣。

人蔘雞基本上就是在雞腹內放入人蔘、糯米、紅棗、蒜等食材，用文火燉煮而成的養生料理。道地的人蔘雞採用的是童子雞，而出生 30 至 35 天的童子雞又稱為「藥雞」，以藥雞入湯，更是人蔘雞當中的極品；佐以富含鐵和鈣質的紅棗、可殺菌和增強精力的蒜，及隨各家不同的傳統獨家配方，就成為一盅滿足五感的極致料理！

近來蔘雞湯也有不同的口味，如加入冬蟲夏草、黃耆、甘草等多種中藥材的韓方蔘雞湯，或是加入螃蟹、章魚等的海鮮蔘雞湯，都增添了這道傳統料理的豐富口感及味覺享受。

以日常食材幻化出的極致料理

笑吧東海／第 105 集

삼계탕
人蔘雞

84

材　料：
中小型雞‥‥‥‥1隻
新鮮人蔘（小型）‥3根
紅棗‥‥‥‥‥10顆
枸杞‥‥‥‥‥20粒
黃耆‥‥‥‥‥20克
去殼去皮栗子‥‥5粒
蒜頭‥‥‥‥‥6瓣
水‥‥‥‥‥‥適量

調味料：
蔥花‥‥‥‥‥適量
鹽‥‥‥‥‥‥適量
胡椒粉‥‥‥‥適量

做　法：
1. 雞掏出內臟後洗淨，糯米泡水，紅棗、枸杞、黃耆清洗備用。
2. 糯米、紅棗、枸杞、黃耆、栗子、大蒜依序塞進雞肚裡。
3. 雞腳也收進雞肚後，將整隻雞及新鮮人蔘放入燉鍋內，加水燉煮（水量不超過雞肉，約
　　與雞同高即可）。
4. 以小火燉煮約 2 至 3 小時，起鍋前再加入幾顆枸杞煮 3 至 5 分鐘。
5. 食用前加入蔥花、鹽、胡椒粉調味即可。

老闆的話

（1）戲中東海採用的是紅蔘，但因價格昂貴，一般多用水蔘做為此料理食材。
（2）燉人蔘雞的雞較不適合選用大型雞或放山雞，以免肉質經長時間燉煮容
　　易變老。如果沒能買到中小型雞，可以在雞入鍋煮熟後，將整隻雞去皮，只取
　　雞肉的部分剝成雞絲，再放回去與人蔘雞湯汁一起熬煮成人蔘雞粥，是一家老
　　小都合適的補氣養生良品。

찬란한 유산
燦爛的遺產

神仙雪濃湯
入口處的立牌

2009 年 韓國SBS ／ 2009 年 台灣八大電視台

李昇基 ― 飾 鮮宇煥　　貪圖享樂，真誠食品老會長的唯一男孫
韓孝珠 ― 飾 高恩星　　性格清純善良，因收留出走的奶奶而與真誠食品結緣
裴秀彬 ― 飾 朴駿世　　律師之子，不斷給予高恩星幫助的高級餐廳老闆
文彩元 ― 飾 柳承美　　高恩星繼母的女兒，一直單戀著鮮宇煥

드라마소개
劇情簡介

母親過世之後，高恩星的父親在她高中時再婚，除了患有自閉症的親弟弟之外，她也突然
多出了一個妹妹承美。單純善良的恩星與弟弟難抵繼母的心機算計，在遭逢父親經商失敗、
意外過世一連串的打擊後，被繼母掃地出門，弟弟也不知流落何處。就在她走投無路的時
候，意外收留了一位失憶的老奶奶，她的人生從此與經營連鎖雪濃湯餐廳的「真誠食品」
產生了關聯。老奶奶的孫子鮮宇煥原本好吃懶做、目中無人、只等著繼承遺產，他在高恩
星的影響下，也漸漸體會老奶奶經營餐廳的精神與苦心。

＊　＊　＊

恩星在社長奶奶的安排下，進入真誠雪濃湯餐廳工作滿一個月，老奶奶問她有什麼感想，
她回答：「本來我以為照著自己的想法，把自己的人生過好就行，但奶奶卻在打理自己人
生的同時，也盡力幫助、張羅著別人的一生，原來一個人的能力高低，取決於他能讓身邊
多少人感到幸福、快樂啊！」就是這樣一顆多感聰慧的心，讓從來不曾為別人著想、做錯
事只知道用錢打發的宇煥，也在和恩星共事的過程中，有了潛移默化的改變。

宇煥的覺醒與成長，恩星一點一滴感受著，他們就像是找尋互補才能完美的兩個半圓，在並肩打拚的路上，他們的感情也慢慢柳暗花明。真正的愛不是硬把自己的想法強行灌輸給對方，而是能夠真心誠意地去了解對方最真實的想法與需求，這就是老奶奶創立真誠食品的精神，也是愛情是否可以長久，最簡單卻最重要的方法吧。

劇中，「真誠雪濃湯」的本尊就是遍佈全韓國的連鎖餐飲企業「神仙雪濃湯」，雖然是傳統飲食，但「神仙雪濃湯」全面採用現代化的方式經營行銷，賣場裝潢明亮舒適，是上班族午休、朋友聚餐，或是夜貓子吃宵夜的好選擇。

常常因為時間的關係而匆匆來去韓國，但不管如何，總會想辦法擠出一點時間吃碗雪濃湯，除了我本來就愛喝熱湯外，其實雪濃湯對我來說，還另有一份特殊的回憶在，若干年前，我與韓國料理的第一次接觸就是雪濃湯呢！但餐廳不在首爾，而是遠在韓國人頗多的紐約，若有機會，真想再回去探訪記憶中的美味。

한식 이야기
韓食小故事

湯如其名，如雪純白的湯汁正是雪濃湯的精華所在。很多韓國菜乍看之下容易讓人誤以為是簡單的料理，但仔細了解一下就會知道，其實是經過耗神費工的過程才能得來的美味，以各種牛骨花費長時間熬煮而來的雪濃湯就是其中代表，有些傳統老店的熬湯大鍋甚至長年沒有熄過火！吸收了所有牛骨精華的微稠湯汁不只味美，還很滋補，喝上幾口，整個人馬上暖和了起來。

為了不破壞原味，傳統的雪濃湯上桌時沒什麼額外的調味，要吃的時候才隨個人口味加入鹽巴、胡椒粉及蔥花。韓國人喜歡的吃法有好幾種，可以把白飯倒進去湯裡拌著吃，或是把泡菜汁和進去的話，也別有一番好味道！

「神仙雪濃湯」也推出了真空包裝方便忙碌的現代人，不過，若是能親手熬煮給親友們品嚐，相信加入了珍貴心意後的風味肯定無法取代，雖然熬煮的時間頗長，久久熬一次也絕對值得！

「진성, 바로 알기」, 真誠就是去了解

설농탕
雪濃湯

燦爛的遺產／第 4 集

材　料：
牛大骨．．．．．．．．．．．400 克
牛肉（牛腩或牛腱）．．400 克
蒜頭．．．．．．．．．．．．．20 瓣
粗蔥花．．．．．．．．．．．．50 克

調味料：
鹽．．．．．．．．．．適量
辣椒粉．．．．．．．適量

做　法：

1. 牛大骨浸泡於冷水中一夜，充分去除血水，中途換一次水尤佳。

2. 在中型燉鍋中放入去除血水的牛大骨，用大火滾煮 10 分鐘左右取出，仔細沖洗掉雜質，留下大骨中的骨髓，再放進乾淨的燉鍋中，加入七分滿冷水及蒜頭，開大火，待水滾後轉中火，熬煮過程中，隨時撈除雜質浮沫及油脂。

3. 牛肉浸泡於冷水中約 1 小時，去除血水備用。

4. 牛大骨持續熬煮約 5 小時，鍋裡的水約剩下一半時，放入牛肉一起燉煮，用小火煮 2 小時左右，取出牛肉切成薄片。

5. 此時，將鍋中乳白色的肉湯倒入其他容器，再注入七分滿的冷水至原來的鍋中，繼續熬煮至肉湯熬成乳白色時，再次將第二次熬煮的肉湯倒入其他容器，反覆此過程約 3 次。

6. 除去冷肉湯上面凝固的油脂層後，混合熬煮三次的肉湯於同一鍋。

7. 把切成薄片備用的牛肉放在熱過的湯碗裡，淋上滾熱的乳白色肉湯，即完成無添加的原味雪濃湯。品嘗時，依個人喜好，加入些許鹽、胡椒粉及粗蔥花提味即可。

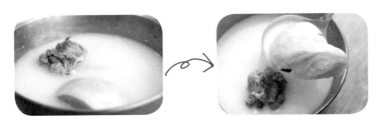

老闆的話

製作雪一樣白的雪濃湯需要相當耐心，建議一次熬煮的份量多點，分裝後放進冷凍庫保存，想吃的時候拿出來加熱，就可以方便享用雪濃湯。

傳說中的店！

燦爛的遺產
神仙雪濃湯 신선설농탕

「燦爛的遺產」裡，由真誠食品所經營的雪濃湯餐廳便是「神仙雪濃湯」，因 24 小時營業的便利性而受到許多夜貓子的青睞；在「燦爛的遺產」裡，可以常常看見實際到餐廳用餐也看不到的廚房備餐畫面，真是格外有種身歷其境的感覺。

實際出借拍攝「燦爛的遺產」的分店共有京畿道的金浦店、中洞店跟日山店三家分店。不過考慮到旅人們總是行程滿檔，而這三家店都位於首爾市外，所以推薦給大家的是韓國朋友帶我品嘗神仙雪濃湯的第一家店──鐘路店，鐘路店交通便利，四周也有許多首爾必遊的景點，品嘗過雪濃湯之後，可以順道到「城市獵人」裡男女主角初次相遇的光化門廣場，或是傳統色彩濃厚的仁寺洞走走看看。

連鎖店統一的色調或許少了一點獨特性，不過比起不小心踩到地雷，連鎖餐廳其實具備了一定的口碑與水準；「神仙雪濃湯」還貼心地為每一位光顧的客人，準備了說明小紙條，叮嚀客人們享用美味雪濃湯的小撇步喔！

美食地圖
PLUS

首爾市鐘路區貫鐵洞 12-13 號 2 樓
（서울 종로구 관철동 12-13 동출빌딩 2 층）
：02-720-2396
：24 小時營業

招牌雪濃湯／₩ 7000
餃子雪濃湯／₩ 8000

搭乘地下鐵 1 號線於鐘閣站下車，4 號出口
網址：http://www.kood.co.kr/

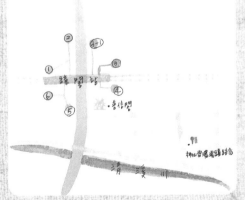

韓國人的飲食習慣

呼朋引伴一起吃飯的鏡頭總是不斷出現在各韓劇裡面，連帶地，大家也對韓國人特有的吃喝方法感到興味盎然，雖然台韓都以米食為主，最重要的餐具也都是筷子，不過因應兩國餐食的差異，經年累月後，也發展出不同的用餐方式以及各自強調的餐桌禮儀。

韓國人怎麼吃飯？

韓國人向來有共食的習慣，湯品、燉鍋的料理也多，因此除了筷子外，比起台灣人，更常使用長柄湯匙，使得好湯匙可說是享用道地韓國美食的第一步。那麼到底什麼時候該用筷子、什麼時候該用湯匙呢？

1、兩人以上同用一張餐桌的場合，應按照輩分及等級入席。晚輩需待長輩動筷後才能開動，用餐過程中，晚輩也要配合長輩的用餐速度，不得在長輩用完餐之前放下筷子。

2、在韓國，飯碗或湯碗需固定擺放在桌上，不以手捧起。用餐時，以右手握湯匙取飯或湯品就口，只有在取用配菜或烤肉時，才改拿筷子夾菜。

3、不以單手同時拿起筷子和湯匙，也不應同時間以兩手拿筷子及湯匙使用。

4、喝湯時，用湯匙一口一口舀起來喝。

5、因不使用公筷母匙，勿使用自己的筷子和湯匙翻攪飯菜，以乾淨、整潔的方式取用菜餚。

6、暫時沒有用到時，不將筷子和湯匙搭放在盤碟或飯碗、湯碗上面。

7、用餐後將筷子和湯匙整齊擺放回原位，並將用過的餐巾或紙巾疊好置於餐桌上。

8、作客時，客人應餘留下一點飯菜表示自己已經吃飽；不斷勸說客人進餐則是主人的基本禮儀。

韓國人怎麼喝酒？

對韓國人來說，喝酒是件大事，不只是解除壓力、促進彼此感情的方式而已，遵守合宜的喝酒禮節，更是影響到人際關係、能否在社會上成功立足的關鍵，注重長幼秩序的精神也被發揮在「酒道」裡，因此酒可不能亂喝，觀察一個人的酒禮，即可對此人了解一二。

1、晚輩為長輩斟酒時必須保持恭敬的姿勢與態度，將左手輕輕放在右手手腕中間，以兩手斟酒。以右方為大的觀念使然，因此即使是左撇子也切記勿用左手為長輩斟酒。

2、長輩為晚輩倒酒，晚輩則要用兩手握好酒杯承接，側轉身後，將臉面向另一邊喝下。

3、一起用餐時，不應讓一起吃飯的對象自己倒酒，互相倒酒是韓國人顯示尊重及感情交流的表現。

4、新舊的酒混在一起並不好喝，因此不要在對方杯中的酒還沒喝完前，就幫忙倒酒。

5、喝酒的場合雖常舉杯高喊「乾杯」，不過並不需要每次都一飲而盡。

註：
韓國人慣用金屬製筷子和湯匙，主要是因為韓國政府倡導環保，禁止餐廳提供免洗餐具，金屬製食器因其易於高溫殺菌的便利性而普遍受到愛用。

第 5 回

逆轉女王向前衝

마이 프린세스
我的公主

包裝精緻可愛又
好吃的傳統糕點

2011 年 韓國 MBC ／ 2011 年 台灣東森電視台

金泰希	─ 飾	李 雪	從孤兒搖身一變，成為大韓民國公主的女大學生
宋承憲	─ 飾	朴海英	大韓集團繼承人，擔任李雪成為公主後的家庭教師
朴藝珍	─ 飾	吳允珠	大韓集團會長祕書長的女兒，冷靜又幹練
柳秀榮	─ 飾	南廷宇	吳允珠的地下戀人，李雪心儀的考古學教授

드라마소개
劇情簡介

李雪和姊姊是被收養的孤兒，姊姊是優秀的法律系學生，而她卻整天只知道打工賺錢。某天她惡作劇假扮大韓集團繼承人朴海英的女友，沒想到一連串的歷史謎團就此纏上她，她原是公主的身世，也一步一步被解開。

因為李雪的出現，很有可能失去所有家產的朴海英，千方百計阻止她進宮，卻在一心想恢復皇室榮光的爺爺安排之下，成為李雪的家庭教師！偌大的皇宮裡，曖昧的火花四處蔓延，這對歡喜冤家，最後會不會變成一對命中注定的戀人呢？

* * *

在「我的公主」中，飾演李雪公主的金泰希首次挑戰喜劇角色，她把大學生對教授的暗戀崇拜、對朴海英的甜美撒嬌演得惟妙惟肖，令觀眾大感驚豔。李雪不像朴海英身旁那些總是擺著高姿態的女人，她的直接、熱情、奔放看在朴海英眼裡，更隱隱散發著一股強韌的誘惑力。

隨著公主身分的確立，李雪也從一個愁煩沒錢用的大學生漸漸變得成熟，明白自己的權利與責任所在，她期望皇室的恢復不只是空洞的象徵，也能夠幫助人民多多親近歷史上優美的文化。不管戲裡戲外，相信古今中外能夠襯托出公主、王子們高貴氣質的不只是他們的血統，而是他們是否擁有一顆充滿愛的心，知道也善用自己能夠改變世局的能力。

於是，我們看到在劇中戲稱自己是「李長今」的李雪公主換穿了韓國傳統服飾，將茶果一一擺放至小茶桌上的美麗畫面。最後一集中，那張擺滿各式茶果的小茶桌，叫作茶果床（다과상），其中長得圓圓胖胖、模樣超可愛的梅花糕，以其賞心悅目的外觀與色彩，格外吸引我的注意！

한식 이야기
韓食小故事

韓國人從很早以前就開始食用以米製作的糕點，最早是將穀物搗碎後用蒸籠蒸來吃，其後，隨著漫長的歲月過去已發展出可觀的糕點文化，因應四季節氣與各種婚喪喜慶的需要，約有超過兩百種以上的糕點種類，無論口味、花樣或製作方式都深具特色。

與西式點心相比，以米為原料所製作的韓國傳統糕點具有不油膩、卡路里較低的特性，內餡或配料也多採用天然食材，對於辛苦維持身材又喜愛甜食的女生，可說是最棒的點心了。現在，韓國也有越來越多的品牌專賣店，以新穎的包裝手法賦予傳統糕點新生命，花樣多、口味多，加上精巧的包裝設計，都教人忍不住多挑兩盒走。

現代人追求效率的腳步越來越快，在生活中找回真實自我的渴望就越強烈，找個恬意的週末下午，約幾個好友，試試親手做出好吃又健康的韓式糕點，細細品味屬於朝鮮時代的慢活美學吧！

매화떡
梅花糕

材　料：
蓬萊米粉.......500克
水...........150克
紅豆沙內餡.....100克
天然草莓色粉....適量

調味料：
鹽.............1 小匙
芝麻油.........少許

做　法：

1. 在大容器中放入蓬萊米粉、鹽，均勻混合，再慢慢注入水，充分混合米粉及水。

2. 蒸鍋裡先鋪上一層濕棉布或不沾紙，倒入米粉後，盡量將米粉搓揉攤開成散狀，蓋上鍋蓋，蒸 20 分鐘。

3. 紅豆沙揉成直徑約 2 公分圓球狀內餡備用。

4. 米糰蒸好後取出，放入耐熱大容器，稍微搓揉成糰狀後，加入草莓色粉，慢慢將原色米糰揉成勻稱粉紅色米糰。

5. 平分米糰，每一等份約一整顆蒜頭大小，揉成球狀後，按壓中間處成一凹字，放入一顆紅豆沙，完整包覆內陷後收尾，再次揉成球狀米糕。

6. 翻轉球狀米糕，使用刀背從球狀米糕頂部至底部，輕輕施力，平均劃出五道凹痕。

7. 依喜好在中心點綴上花蕊、小葉片，微微刷上一層芝麻油，渾圓可愛的五瓣梅花糕，就完成囉。

老闆的話

（1）雙手、桌面或耐熱大容器內抹點油，揉搓米糰時較不易沾黏；剛蒸好的米糰溫度高，可稍等一分鐘再揉，小心不要被燙到。（2）依色粉加入的多寡可變化出不同深淺粉紅色；也可利用其他顏色色粉，增加梅花糕的美麗色澤及趣味性。

내 이름은 김삼순
我叫金三順

亨利在戲中住的
韓屋民宿樂古齋

2005 年 韓國 MBC ╱ 2005 年 台灣八大電視台

金宣兒 — 飾 金三順　　執著於理想的樂觀麵包甜點師傅
玄 彬 — 飾 玄振軒　　為舊愛所傷的 BON APPETIT 餐廳社長
鄭麗媛 — 飾 柳熙珍　　回頭尋求復合機會的玄振軒前女友
丹尼爾 — 飾 HENRY　　柳熙珍的主治醫生

드라마소개
劇情簡介

為了夢想，29 歲的金三順隻身遠赴法國巴黎甜點學校學習。她在課餘時間拚命打工，也在浪漫花都展開了一段戀情，沒想到，竟然在聖誕前夕慘遭不良男友劈腿！她帶著破碎的心回到韓國，然而，還沒找到工作，卻又面臨老爸留下的房子要被查封的窘境，此時命運之神讓她遇到一個自大驕傲的餐廳社長玄振軒，為了保住房子，她不得已和這位年輕社長簽下了欺騙所有人的戀愛合約……凡事勇往直前的金三順，這回，要如何擺平一切難題呢？

＊　＊　＊

若問哪部戲是重播了 N 遍，你還是會忍不住再看一遍的經典韓劇？相信打破女主角一定要年輕貌美鐵則的「我叫金三順」，絕對是其中一部。

為了演活金三順而增肥七公斤的金宣兒小姐，是讓這個角色活脫脫走出螢幕、深受大眾喜愛的重要原因。因為工作的緣故，我有幸與金宣兒小姐共事過，當時她已經恢復到修長火辣的身材，沒變的是她依然像金三順一樣，個性直爽、沒有架子、充滿活力的認真工作，

讓周遭的人很容易就感染到她的熱情，我想這就是「金三順」真正讓人疼愛的魅力所在吧！不只是戲中的虛擬人物而已，從每個認真生活、努力工作的女生身上，我們都看到了金三順的影子。

夢想可以靠自己努力實現，但愛情卻不是光靠單方面付出就可以成就的事情。劇中，餐廳社長前女友離開時雖然也是百般不願，然而物換星移，當再深刻的回憶也失去力量時，不如就放手吧！勉強自己沉溺在一段幻想的感情裡，不只對自己殘忍，也讓我們看不見身旁真正付出的人。

劇中，熙珍帶著她的主治醫生也是好朋友亨利去吃辣炒章魚時，熙珍感嘆自己光芒不再，亨利對她說：「你還是亮晶晶的，沒有隨時間退色。」其實跟醫生在一起時的熙珍反而是漂亮又可愛的，為什麼呢？我想那是一種不自覺的舒適及安全感，當然，我們也不能就誤把這種安全感當作是愛，或許試著從朋友開始會容易一些，說真的，有時候當朋友真的比當情人舒服多了，不是嗎？

한식 이야기
韓食小故事

紅通通的辣炒章魚是一道就是要辣得到位才會好吃的韓國人氣料理，一進到賣章魚的餐廳裡，映入眼簾、最常看到的，就是一隻隻活生生、吸在水族箱牆壁上的威猛章魚。好玩的是，很多人喜歡吃，卻對黏答答、軟趴趴的生章魚，敬而遠之。韓國人說：「一隻章魚僅次於一斤人蔘。」這可以說明韓國人對於章魚的重視程度。

章魚的營養成分中含有大量鐵質，對於貧血有一定的療效，它的另一成分牛磺酸更是對人體好處多多，不管是醒腦提神、消除疲勞及補充精力，都具有卓越的效果。過去流行的吃法是汆燙後切片當下酒菜或是熬湯喝，自從辣炒章魚出現後，就變成最火紅的吃法了，你也可以把辣炒章魚拌飯吃吃看，讓美味更升級喔！

낙지볶음
辣炒章魚

You're still shine!

我叫金三順／第 10 集

材　料：
章魚‥‥‥‥‥‥2 隻
麵粉‥‥‥‥‥‥3 大匙
鹽‥‥‥‥‥‥‥1 小匙
洋蔥‥‥‥‥‥‥1 顆
紅蘿蔔‥‥‥‥‥1 根
食用油‥‥‥‥‥適量
薑片‥‥‥‥‥‥7 片
青辣椒‥‥‥‥‥1 根
紅辣椒‥‥‥‥‥1 根
料理酒‥‥‥‥‥1 大匙
水‥‥‥‥‥‥‥1 杯

調味料：
辣椒醬‥‥‥‥‥2 大匙
辣椒粉‥‥‥‥‥2 大匙
醬油‥‥‥‥‥‥2 大匙
白糖‥‥‥1 又 1/2 小匙
蒜泥‥‥‥‥‥‥2 小匙
芝麻油‥‥‥‥‥適量
芝麻‥‥‥‥‥‥適量

做　法：

1. 先用刀將章魚頭部與足部中間橫劃一刀，但是不要切斷，就可以容易地把章魚頭內部翻出來，然後取出內臟和墨汁囊，再以麵粉、鹽搓揉章魚，去除黏液及雜質。充分搓揉後，以清水將章魚洗淨，沖到沒有白沫為止。章魚嘴、眼睛切除不用。

2. 清洗完畢的章魚以滾水快速汆燙後，瀝乾、切成小段備用。

3. 洋蔥、紅蘿蔔去皮；青、紅辣椒切成斜片。

4. 取一小碗，加入所有調味料，攪拌均勻。

5. 炒鍋中倒入適量食用油及薑片翻炒兩下，再加入洋蔥、紅蘿蔔，炒到洋蔥、紅蘿蔔表面軟化後放入章魚、料理酒及拌好的調味料。

6. 鍋內材料炒熟後，放入青辣椒、紅辣椒片及水 1 杯，以中火翻炒至湯汁略乾，撒點芝麻油、芝麻，便可起鍋。

老闆的話

（1）選購海產時，最重要的是新鮮度，若在市場裡看到無光澤，甚至脫皮的章魚，可能就不夠新鮮。（2）處理章魚時，記得多洗幾次章魚吸盤，吸盤內最容易藏污納垢，麵粉加鹽是很好用的小幫手，但鹽不宜過多，免得章魚口感變硬。（3）汆燙或炒章魚的時間不可太久，以免肉質變老。

傳説中的店！

我叫金三順
元祖奶奶章魚中心 원조할머니 낙지센타

1965 年開業的「元祖奶奶章魚中心」，就是「我叫金三順」中熙珍帶著她的主治醫生去吃辣炒章魚的地方。「元祖奶奶章魚中心」已經擁有將近五十年的歷史，不過因為區域再開發的緣故，2010 年時，從以章魚料理聞名的武橋洞搬到現在的所在地——北倉洞，用餐環境也變得更加寬敞舒適，但不變的是當初開創這間餐廳的朴奶奶至今仍然親自坐鎮廚房，堅持著當年創業時的味道。

雖然「我叫金三順」是在舊店址拍攝的，不過戲中的原汁原味還是只有在這裡吃得到，直到現在，店內牆上都還留著熙珍與亨利醫生在店裡吃辣炒章魚的「認證照」。

「元祖奶奶章魚中心」就位在首爾最市中心的熱鬧地段，辣炒章魚、馬鈴薯鍋跟雞蛋捲是菜單上最受客人歡迎的熱門美食榜前三名，若是剛好安排行程到附近時，絕對不要錯過進去辣一下的機會喔！

遠遠地，就可以看到「元祖奶奶章魚中心」餐廳外牆上斗大的章魚，就像等著迎接各路人馬大駕光臨一樣，來來往往的老客人們彷彿也呼應著大門上「1965 年傳統武橋洞章魚店」的標示，老主人朴奶奶接受過無數媒體採訪的照片，早已貼滿整面牆，這些都在在證明了辣炒章魚令人無法抵抗的魅力！

美食地圖 PLUS

首爾市中區北倉洞 60 號
（서울 중구 북창동 60 번지）
☎：02-734-1226
⏰：09:00～24:00（年中無休）

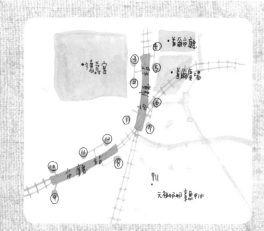

⭕
辣炒章魚／₩ 18000（兩人份）
馬鈴薯鍋／₩ 10000　雞蛋捲／₩ 5000

🚇
搭乘地下鐵 1 號線或 2 號線於市廳站下車，7 號出口
網址：http://www.nakjicenter.com/

李粥店裡掛著
市政廳大海報

市政廳

2009 年 韓國 SBS ／ 2010 年 台灣東森電視台

金宣兒 — 飾 辛美來　　捲入政治派系鬥爭，意外成為仁州市長的小公務員
車勝元 — 飾 趙國仁　　州副市長，深具野心的國會議員
秋相微 — 飾 閔珠花　　財力美貌兼備的仁州市議員
李亨哲 — 飾 李成道　　閔珠花的丈夫，仁州市文化觀光局局長

劇情簡介

一個長相普通、小腹微凸，直線思考又有強烈正義感的超齡泡茶小妹，遇上魅力四射、長袖善舞的帥哥野心政治家，上天安排兩人的命運糾葛在一起，最後泡茶小妹搖身一變，成為年輕有抱負的女市長。

* * *

「政治，那有什麼大不了的，讓生活困難的人稍微過得好一些，讓生活富裕的人稍微付出一點，只要做到這些就可以了呀！」──辛美來

「這世界上拚了命都無法強求的是什麼，你知道嗎？是走向愛人的那顆心；比它更不受控制的是什麼，知道嗎？是走到愛人那裡，卻怎樣都不肯回來的那顆心。」──辛美來

又見金宣兒出馬挑女主角大樑，讓人不禁聯想起「我叫金三順」。不過，待看完「市政廳」全劇就會發現，這前後兩部戲就像摩卡和拿鐵，在細細品嘗過後，就會感受到不一樣的好味道。「市政廳」裡，金宣兒、車勝元這兩位實力派笑匠在前半部，先用金三順式的風格營造喜感，以幽默諷刺政治，包裝許多敏感議題，轉化成人人都能吞嚥消化的趣談，讓觀眾笑聲不斷；後半部則一改嬉笑，帶領觀眾進入五味雜陳的愛情世界，瑰麗動人的對白不斷從主人翁口裡吐出，感情戲更是扣人心弦。男女主角的年紀加起來都可以領退休金了，但看他們互訴情衷，對著彼此說出那些肉麻台詞，卻沒有一點不自然。

「市政廳」能夠如此深得人心，除了演員們精湛的演技外，也必須歸功劇組團隊用心經營細節的成果，從製作團隊盡量合理化、不露痕跡地將贊助商寫進情節中的苦心，就可了解一二。例如劇中美來慰勞成道加班辛勞的消夜、芙美待業中到朋友店裡掙錢所煮的嬰兒副食品、支援美來市長競選團隊的餐點都出現了「養生粥」，眼尖的觀眾們應該很快就能發現箇中奧妙。想來，劇組會和一家養生粥店合作，或許更是看上粥料理背後的含意吧！一碗看似簡單的粥料理，被賦予了滿滿的關心，也象徵了經過長時間淬鍊才能顯現的人性價值與美麗。

한식 이야기
韓食小故事

韓國的養生粥類似台灣的鹹稀飯或廣東粥，但吃起來比較綿密。和台灣一樣，韓國也有粥料理專賣店，本粥（본죽）、粥的故事（죽이야기）都是知名的連鎖專賣店，不但在韓國分店林立，連美國紐約、洛杉磯的街頭都能看到蹤影。菜單上品項繁多，像是鮑魚粥、人蔘雞粥、松子粥、紅豆粥、南瓜粥……等，任君選擇。

在過去，放進許多高營養價值食材，以慢火燉煮的養生粥，是韓國人生病時才吃的保養食品，現在大部分人已不再拘泥於舊觀念，不過，當身體微恙時，還是自然地想要吃碗好消化又營養的粥來補充元氣。

영양야채죽
營養蔬菜粥

值得等待的一碗關懷！

市政廳／第 10 集

材　料：
白米 . . . . 1/2 杯
櫛瓜 . . . . 10 克
紅蘿蔔 . . . . 10 克
菠菜 . . . . 10 克
水 . . . . 1 杯

調味料：
鹽 . . . . 適量
芝麻油 . . . . 適量

做　法：
1. 白米洗好備用。蔬菜洗淨，櫛瓜、紅蘿蔔去皮，將櫛瓜、紅蘿蔔、菠菜剁成細碎小丁。
2. 湯鍋中倒入少量芝麻油炒白米，白米漸漸變色轉熟時，加入 1 杯水，開中小火熬煮，一邊利用湯杓慢慢搗碎白米成小粒。
3. 依序加入櫛瓜、紅蘿蔔，繼續熬煮出蔬菜甜味。
4. 起鍋前，加入菠菜攪拌幾下後關火。食用時，再依個人口味斟酌加入調味料。

老闆的話

營養粥依添加食材不同，口味千變萬化，這是清淡但營養豐富的配方，無論怎麼變化，營養粥的料理重點是要讓吃的人容易吸收養分，因此食材和白米都會處理成容易吞嚥消化的大小，但是，可別為了方便就將米或食材丟進果汁機裡打喔，一般果汁機會把米及食材攪得太細碎，而失去不同食材間的層次感。

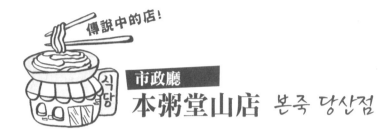

傳說中的店！

市政廳
本粥堂山店 본죽 당산점

因為贊助「市政廳」拍攝的緣故，「本粥」粥品連鎖店可是在市政廳裡大大的露臉，相信喜愛韓劇的朋友們應該都不陌生，它也是「花樣男子流星花園」中，金絲草和朋友秋天打工的粥店。「本粥」在韓國國內的分店非常密集，還提供外帶、外送的服務，連超市也買得到只要加熱就能立即食用的粥品，到韓國旅遊時，若是住在附設廚房的旅館裡，也可以買一兩包放在冰箱裡當消夜吃喔。

慢食及健康養生是「本粥」一向提倡的理念，因此在「本粥」的實體店面均採現點現作方式。大部分的粥品雖看似清淡，但拌入海苔、芝麻後，在唇齒之間另有一種持久的香氣，而口味也多到讓人吃不膩，若是喜歡重口味的話，推薦嘗試泡菜章魚粥、辣牛肉粥這類粥品。「本粥」的粥品一律都會附上醬燒牛肉乾絲、泡菜、涼拌辣魷魚三樣小菜和蘿蔔泡菜冷湯，可別小看這些小菜，還有許多客人特地買回家配飯呢！

美食地圖 PLUS

首爾市永登浦區堂山洞 6 街 216-8 號
（서울 영등포구 당산동 6 가 216-8 번지）

📞：02-2635-6287

🕐：08:00 ～ 22:00

不落粥／₩ 9000

松子粥／₩ 9000　　鮑魚粥／₩ 10000

搭乘地下鐵 2 號線或 9 號線於堂山站下車，8 號出口

網址：http://www.bonif.co.kr/main/juk_main.asp

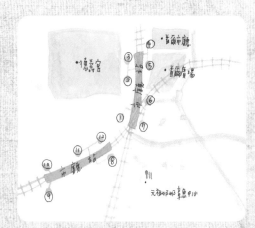

傳統歲時風俗與飲食文化

讓我們簡單地來了解一下，韓國一年 12 個月份當中，有哪些重要的節日？在這些節日裡，又有哪些特殊有趣的飲食風俗？好好利用這些小小學問，來大大增添日後收看韓劇或是到韓國旅遊時「入境隨俗」的親切感及趣味性吧！

正月 春節 설날
農曆一月一日

春節是送舊迎新的傳統重要節日，為了祭祀及招待客人，韓國媽媽們得從前一天就開始準備歲饌（세찬）以及歲酒（세주），也就是為了祭祀及過年所準備的飲食，其中不能少的便是年糕湯（떡국）。以白色年糕做為一年的開始代表萬象更新的含意，切成圓片入湯則是期盼藉著多吃狀似古時錢幣模樣的年糕，可以帶來新年度的豐厚財運。

二月 中和節 중화절
農曆二月一日

二月是農事正式開始的月份，在農家，這一天是祈願開工大吉的日子，主人們會準備豐富的酒菜來招待長工們，也意味著將來年的農活託付給大家之意；冬天裡，營養攝取不足，擔心無法負荷即將開始的繁重農事，因此在這一天，家中老小會分享炒過的黃豆，以營養的黃豆來補充身體所需的蛋白質及各種養分。

三月 三月節 삼짇날
農曆三月三日

此時正逢大地回春，也是杜鵑花盛開的季節，家家戶戶一邊趁著春暖花開之際出外賞花、伸展筋骨，一邊忙著釀製杜鵑花酒以及利用杜鵑花、五味子、蜂蜜製作花麵（화면）。在過去，婦女們也只有這一天可以成群外出至山野溪邊踏青遊玩、吃花煎餅（화전），俗稱花煎遊（화전놀이）。

四月 釋迦牟尼誕辰日 초파일
農曆四月八日

民間習慣稱為初八日，當日晚間稱為燈夕（등석）。這一天，信眾們紛紛至寺廟裡供奉，寺廟也盛大舉辦燃燈活動，連首爾街頭也看得見各式各樣光彩奪目的動物燈、花草燈；在初八日，寺廟會準備素饌給前來參拜的香客，而一般人家則會準備榆葉餅（느티떡），四月正值櫸樹發新芽，因此用櫸樹嫩葉所做成的榆葉餅格外有一股新鮮的春口香氣。

五月 端午節 단오
農曆五月五日

一年中陽氣最旺盛的日子，也是農家完成插秧，舉行祈求豐收祭典的重要時節，目前，地方性的端午祭典普遍比大都市來得熱鬧，其中又以韓國東部的江陵端午城隍祭最為盛大、有趣。傳統的端午習俗中，百姓們會用艾草做成車輪狀的艾草糕（수리취떡），並舉行端午茶禮。此外，婦女們也慣用加了菖蒲一起煮的水洗頭，據說可以讓頭髮烏黑柔順。

六月 三伏 삼복

從夏至起，以每十天為一個單位，分為初伏（小暑）、中伏（中暑）及末伏（大暑），合稱三伏，是一年當中最熱的三天。炎熱的天氣，讓所有人都熱到精疲力盡，尤其是必須長時間在戶外工作的農人們，這時人蔘雞（삼계탕）就是補充營養、恢復精力最好的食物。另外，人蔘雞湯讓人吃到滿頭大汗，可以將體內多餘的熱氣排出體外，就不怕被炎炎夏日打敗。

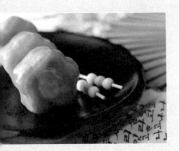

第 6 回

幻想情侶之
前世今生

해를 품은 달

擁抱太陽的月亮

首爾五個古宮
之中的景福宮

2012 年 韓國 MBC ／ 2012 年 台灣八大電視台

金秀炫 — 飾 李暄		朝鮮的王，幼時戀上許煙雨，便對她念念不忘
韓佳人 — 飾 許煙雨／月		弘文館大提學之女，一夕之間由世子嬪變成巫女月
丁一宇 — 飾 陽明君		表面灑脫，實則暗藏許多心事的先王庶長子，愛慕許煙雨
金敏瑞 — 飾 尹寶鏡		永遠無法取代許煙雨地位的可憐女子

드라마소개
劇情簡介

為參加親哥哥狀元授禮而進宮的許煙雨，巧遇欲爬牆出宮的世子李暄，相識後成為彼此的初戀，而世子內心也早已認定煙雨就是他的世子嬪人選。煙雨雖然通過世子嬪揀選，卻在舉行嘉禮前成為外戚爭權奪利下的犧牲者，幾經折磨、死裡逃生的她，因驚恐過度而失去了記憶，自此以巫女的身分生活，直到命運再次將她牽引向李暄，也拾起了兩人命中注定未了的緣分……

* * *

「擁抱太陽的月亮」描述了朝鮮王李暄和巫女月（許煙雨）之間刻骨銘心的愛情故事。在韓國首播時，最後一集收視率甚至衝破 50% 大關，無疑是 2012 年送給韓劇迷們最好的開春大禮！

由遠而近、立體呈現的故事架構中，「擁抱太陽的月亮」將神話與現實做了最完美的結合。一開始，先從遠古神話雙日雙月的傳說切入，勾勒出即便是王，對於人生的無奈也許更甚老百姓，再帶進貼近民間信仰的「巫女」故事，看巫女如何承擔厄運，撫慰人類對於病痛的無能為力。

月亮，原本就象徵一股潛藏、溫柔的力量；擁抱太陽的月亮，也像擁抱著孩子的母親，撫慰了孩子內心的寂寞、恐懼，一如戲中無論是許煙雨或巫女月，對於王的重要性。這遠與近、日與月的相遇，充滿了強烈對比的糾結，教人看了不熱血沸騰也難！

回歸到現實面，「擁抱太陽的月亮」也給足了觀眾視覺上的豪華享受，那些花樣少男少女的演員們比起大人絲毫不遜色的演技，讓人看了出神；而長大後的成人演員們也完美地接續並加深了應有的情緒。不只如此，這部戲在畫面與細節上的處理也很講究，好比世子李暄設茶宴拜師行相見禮時，茶桌上便一一擺放著各式精緻的茶食（다식）、羌釘（강정）、藥果、肉脯等五彩繽紛的韓果。

皇室特別重視儀典規範，不只是重視排場，也藉此告訴百姓，凡事都該放在「正確」的位置上，萬物才能正常運作。因此，宮中所舉辦的各種祭祀、婚禮、宴會都必須慎重行事，而其中一定得準備的東西，就包括了「韓果」在內。

한식 이야기
韓食小故事

「韓果」原來稱作「造果（조과）」，是韓國先人們在冬天沒有水果時，用來取代水果祭祀祖先的人造水果，在精神上象徵了子孫的孝心。韓果歷史悠久，種類繁多，據說 13 世紀時，高麗忠烈王至元朝出席世子的婚宴賀禮中，就包括了美味的油蜜果，它在元朝大受歡迎，還被廣泛地稱為高麗餅呢！在此，不妨先來認識一下世子李暄為拜師所準備的「藥果」吧！藥果是油蜜果裡最有代表性的一種，也就是將麵粉和上芝麻油、酒，經低溫油炸後，再以蜂蜜浸泡調味的甜點。雖稱作「藥」果，但它的成分可沒有什麼人工藥品添加物喔！只是因為蜂蜜一向被視為對人體非常好的東西，名稱才出現「藥」字。最早，藥果做為佛教祭品，出現在統一新羅時期，流傳至高麗時期，大受人們喜愛和歡迎，因而造成了油、蜂蜜供不應求，當時的朝廷還因此頒佈禁食藥果的命令呢！

韓果在上個世紀戰爭頻傳的年代曾經一度沉寂，所幸近年來韓國呼喚傳統的聲浪越來越大，這麼漂亮、多樣性的韓國傳統甜點才沒有被埋沒在歷史的洪流裡，而是伴隨著茶香，美化了現代人的生活。

117

약과
油蜜果（開城藥果）

材　料：
麵粉.........300 克
蜂蜜.........140 克
水.........100c.c.
食用油.........適量

調味料：
芝麻油.........40 克
薑汁.........20 克
鹽.........1/2 小匙
桂皮粉.........1/2 小匙
胡椒粉.........1/4 小匙
燒酒.........30 克
生薑.........5 片

做　法：

1. 麵粉過篩，倒入芝麻油充分拌勻後，再過篩 2 次。

2. 另取一容器，放入蜂蜜 40 克、薑汁 20 克、鹽、桂皮粉、胡椒粉、燒酒，均勻攪拌，
   倒入過篩後的麵粉裡，用手充分混合所有材料，勿用力，輕輕搓揉成扁平狀麵糰即可。

3. 將壓扁的麵糰對切、重疊，壓扁後對切再重疊，約重複 4 次後，用保鮮膜包覆麵糰，
   放置室溫中 30 分鐘。

4. 準備包覆藥果用的糖漿。生薑 5 片、蜂蜜 100 克、水 100c.c., 放入小鍋中用慢火熬煮，
   邊煮邊攪動約 5 分鐘，關火備用。

5. 從保鮮膜取出麵糰，壓成約 0.8 公分厚的麵皮，用模型壓出喜歡的外型後，拿叉子在表
   面按壓出幾個小洞。

6. 油鍋內放入適量食用油，油溫 100 度左右時，將壓好形狀的麵糰放入，以小火油炸，其後
   稍微轉為中火，將藥果兩面炸至金褐色，即可取出，放在廚房紙巾上，去除多餘油分。

7. 將炸好的藥果完全浸泡在煮好的糖漿中約三小時，使藥果充分吸收糖漿後取出，讓多餘的
   糖漿滴落，即完成這一道養生甜點。

老闆的話

　　（1）生薑磨成泥，取其汁即為薑汁。（2）小洞可讓糖漿充分滲透到藥果裡面。（3）
以低溫油炸可確保麵心熟透，並產生如派餅般，一層層的酥鬆口感，其後油溫提高
到 140 度左右，則可炸出表面的金褐色澤。

49일
真心給我
一滴淚

宜景打工的地方
COFFINE 咖啡店

2011年 韓國SBS ／ 2011年 台灣東森電視台

李瑤媛 — 飾 宋宜景　痛失戀人後，行屍走肉般活著的女孩，與申智賢共用軀體
南奎麗 — 飾 申智賢　車禍後靈魂依附在宋宜景身體裡，以求復活轉機
趙顯宰 — 飾 韓　康　暗戀申智賢的建築設計師，竭盡全力地想救活她
丁一宇 — 飾 宋宜秀　引領靈魂離開人世的時間使者

드라마소개
劇情簡介

宋宜景試圖再次結束自己的生命，但自殺不成，反倒引起了一場連環車禍，還牽連申智賢在這場事故中受到意外撞擊，成為腦死狀態。不甘心就這麼死去的申智賢，依時間使者指示，附於睡眠中的宋宜景身體，她必須設法於四十九天內得到三滴為她真心流下的眼淚，以證明自己值得復活重生。在尋找三滴眼淚的過程中，申智賢發現許多過去不知道的事實，也幫助宋宜景重新振作生活。

* * *

遭逢厄運、即將離世之際，有多少人能為自己留下真誠、純淨的眼淚？這是「真心給我一滴淚」劇中，女主角智賢所面臨的嚴酷考驗！當智賢轉換成宜景的面孔出現在親友面前時，她才發現，原來周遭親朋好友內心真實的想法和自己認為的並不相同！多年來一起分享喜怒哀樂的閨中密友，心底竟然隱藏了許多從不表現出來的妒忌埋怨；更令她意外的是，每次見面總是板著一張臭臉、一副不耐煩模樣的高中同學韓康，卻是第一個發現自己附身在宜景身上的人！

回想起過去的點點滴滴，智賢才明白原來韓康從高中就一直默默關注、喜歡著自己，也因為如此，他比旁人都還早察覺到事有蹊蹺。而讓韓康確信宜景就是智賢的關鍵，正是一碗連結著過去回憶的生日海帶湯！紅蛤海帶湯是他愛喝的口味，只有韓康媽媽和智賢才知道。當年韓康母子關係惡劣，也是智賢從中穿針引線，韓康才願意喝下媽媽特地送到學校的海帶湯，是一段只屬於韓康、母親和智賢三人間的重要回憶。

韓食小故事

生日喝海帶湯已經是大家熟悉的韓國文化之一，但為什麼要這麼做呢？這可先從海帶的好處說起，海帶不但熱量低且富含膳食纖維，是經濟實惠的美容健康食品。最重要的是，海帶的鈣、鐵含量極高，能預防貧血，產婦吃了能促進瘀血排出，補充懷孕期間流失的鈣質，提高母乳中的鈣含量，刺激乳汁分泌，因此，海帶經過適當料理後，就是適合產婦的食物。就像台灣人坐月子時會吃麻油雞，韓國人選擇海帶湯做為產後調養身體的補品。

不僅如此，在傳統風俗方面，海帶湯對於孕婦、產婦及新生兒來說，也有重要的意義。

韓國人稱負責掌管產育工作的神祇為三神（산신、삼신할머니），過去，家中婦女有喜時會擺設三神桌，以祈求懷孕及生產過程順利，供品包括不得有絲毫細碎米屑的白米和井華水（清晨取出的井水），待順產後，拿祭祀過的白米煮成飯，加上井華水及海帶做成的素海帶湯，再次供奉過三神後給產婦吃這套海帶湯、飯，俗稱為「初湯飯」（첫국밥）。初湯飯用的米必須淘洗九次，海帶也要用又寬又長、沒有剪斷過的長藿海帶（或稱解產海帶／해산미역），以表達對三神的敬意和感謝，也期許未來小孩能長壽好運、健康長大。

流傳至今，韓國人在生日這天喝海帶湯，既是延續平安成長的祝福，也具有感念母親辛苦懷胎將自己帶到世界上的含意。

無盡祝福化為一碗海帶湯

真心給我一滴淚／第8集

材　料：　　　　　　調味料：
海帶 . . . . 100 克　蒜泥 . . . . 1 小匙
海瓜子 . . . . 300 克　醬油 . . . . 1/2 小匙
水 . . . . 適量　　芝麻油 . . . . 適量
　　　　　　　　　　鹽 . . . . 適量

做　法：

1. 海帶以冷水泡開洗淨，若海帶太長，可依個人喜好剪成方便食用之長度。

2. 鍋中倒入少量芝麻油炒海帶。

3. 炒過的海帶放入湯鍋中加水一起煮，水量約蓋過海帶高度。

4. 湯煮沸後，加入蒜泥及海瓜子。海瓜子煮熟開殼時，加入醬油、芝麻油調味即可。

5. 上桌時，附上鹽，依個人口味調整鹹度。

老闆的話

　　喜歡濃郁口味的人，也可以將醃好的牛肉以芝麻油炒過（醃料配方請參考骨董飯篇），再和海帶一同放入湯鍋，煮成牛肉海帶湯喔！

내 여자친구는 구미호

我的女友是九尾狐

2010 年 韓國 SBS ／ 2010 年 台灣八大電視台

李昇基 — 飾 車大雄　　家庭富裕的戲劇電影系學生
申敏兒 — 飾 九尾狐　　扮成少女模樣的可愛妖怪九尾狐
盧民佑 — 飾 朴東周　　偽裝動物醫生的「人間妖怪管理員」
朴秀珍 — 飾 殷惠仁　　車大雄遇到九尾狐前暗戀的同系學姊

드라마소개
劇情簡介

不愛念書、一心只想成為武打片電影演員的車大雄，為了脫離爺爺的控制而逃家，卻莫名闖入一座破廟，不小心解放了被三神奶奶關在畫裡五百年的九尾狐。為了報答大雄，九尾狐不僅把自己的真氣「狐狸珠」給了受重傷的大雄，想要成為人類的九尾狐，還和大雄約定百日的戀人同居生活。大雄的心不禁為一身白洋裝的可愛九尾狐而動搖，他真的可以愛上這個威脅要把自己吃掉的狐狸精嗎……？

* * *

九尾狐的美豔千年不變，然而一直等不到新郎的九尾狐看著無數個春去秋來，只有越來越傷心失望。

劇中九尾狐對大雄說：「被關在廟裡時，最常聽到的人類願望不外就是『請賜給我一段好姻緣、一個健康乖巧的孩子，請保佑我跟我的家人們幸福平安』。我也想像你們一樣，在心愛的人旁邊經歷人生的變化，成長及老去，我想要這樣的活著。」五百年後，她拚命想要變成平凡人類的心情，讓人類聽了也為之動容。

在武打學校天台上，兩人一口炸雞、一口啤酒有說有笑，九尾狐完全沉浸在身旁有大雄陪伴的興奮中，只因這個人類說要做她的第一個朋友！九尾狐對著萬家燈火歡呼、跳舞著，對她來說，這個世界實在太美麗了，人類口中的「怪物」，反而讓我們看到了愛情中直接、坦率、純真的那一面。

看到兩人在天台上甜蜜吃炸雞的那個橋段時，不知不覺已經大半夜，肚子突然餓了起來，恍惚間好像聞到剛起油鍋的炸雞香，令人飢腸轆轆！哎，要是在台灣也有半夜可以外送的炸雞店該有多好！

戲中的時代廣場
E MART 超市

한식 이야기
韓食小故事

在韓國，每天都有不同的炸雞店挨家挨戶地在門上貼外送傳單；不過，韓國炸雞店雖然多到誇張，但固有飲食習慣中倒是少見油炸的方式，直到 1970 年代食用油開始普及後，才開始吃炸雞。最早的炸雞店也在那個年代出現，原先只有裹著麵衣炸的炸雞，後來香辣夠味的辣醬炸雞推出後，馬上受到韓國人爆炸性的熱烈歡迎。

韓國的炸雞店經過三十幾年的發展，已經到了百家爭鳴的地步，呈現出一片熱鬧非凡的榮景。巷弄間的小店很多，就算深夜，炸雞店哥哥也是一通電話就幫你外送；就連夜店般的炸雞店也有，客人們主要是去喝杯小酒放鬆，炸雞只是下酒菜的一種；還有升級版的連鎖品牌炸雞店，裝潢高級明亮、年輕化，找當紅偶像藝人輪番代言，光看哪家炸雞店牆上的藝人簽名比較多，就知道它在韓國受歡迎的程度囉！

餐飲業不能只靠五花八門的行銷手法，廚房裡的研發工夫也不可少，韓國炸雞店幾年下來開發出的口味千變萬化，其中加入大蒜、韓國辣椒醬、糖等調味的辣醬炸雞算是韓式炸雞的代表作，辣得過癮，讓人忍不住一塊接一塊，搭配吃起來爽脆、去油膩感的白蘿蔔泡菜，讓炸雞更美味！

양념치킨
辣醬炸雞

炸雞加啤酒，就是絕配！

我的女友是九尾狐／第 2 集

126

材　料：　　　　　　　調味料 A：

雞翅腿 .....10 至 12 隻　　醬油 ....3 大匙
麵粉 ....1 杯　　　芝麻油 ....3 大匙
太白粉 ....1 杯　　料理酒 ....3 大匙
食用油 .... 適量
脫皮乾花生 ..... 適量　　調味料 B：

辣椒粉 .....2 至 3 大匙
辣椒醬 ....1 大匙
醬油 ....2 大匙
糖 ....1 大匙
糖漿 ....3 大匙
水 ....2 杯
胡椒粉 .... 適量

做　法：

1. 雞翅腿洗淨，加入調味料 A 均勻攪拌，醃漬 20 至 30 分鐘。

2. 在大容器中，混合麵粉、太白粉，加入適量冷水，調成黏稠的漿狀麵糊。

3. 雞塊放入麵糊中，沾裹麵衣後，以中小火炸至肉心熟透、外皮金黃酥脆。

4. 取出後放置廚房紙巾或網架上，瀝除多餘油分。

5. 將調味料 B 調勻後，倒入炒鍋中煮至微稠，再將炸好的雞塊放入鍋中翻炒，均勻地沾裹
   上甜辣醬汁，最後撒上乾花生，完成！

老闆的話

　　（1）炸雞塊的油溫不宜過高，以免外皮焦黑，肉心卻還沒熟透。（2）若喜
歡外皮吃起來更乾香酥脆，可將麵粉與太白粉的比例調整為 1：2，並稍微加
長油炸的時間。

宮 野蠻王妃

^궁

泰迪熊博物館
的皇太子夫婦

2006 年 韓國 MBC ／ 2006 年 台灣八大電視台

朱智薰 — 飾 李 信　　血統高貴、內心寂寞的大韓民國皇太子
尹恩惠 — 飾 申采靜　　因爺爺遺訓而意外成為太子妃的開朗高中女生
金楨勳 — 飾 李 律　　皇太子的堂兄弟，皇位的第二順位繼承人
宋智孝 — 飾 閔孝琳　　皇太子前女友，因野心而與幸福擦身而過的芭蕾舞者

드라마소개
劇情簡介

「21 世紀的大韓民國是像英國一樣，仍然擁有皇室的國家！」由同名漫畫改編的「宮 野蠻王妃」藉此奇想，成功地打造出轟動一時的超高人氣電視劇。

原本天真無憂的藝術高中美術系學生申采靜，因為爺爺古早前留下的遺訓，必須與自命不凡、根本不把她放在眼裡的皇太子李信結婚。正值花樣年華的采靜不甘被宮廷的繁文縟節所束縛，此時，也出現了受英國教育、風度翩翩的皇位第二順位繼承人李律……且看這對高中生皇太子夫婦如何漸漸展露真心，克服世俗偏見，為守護真愛而努力。

*　*　*

不管是英國威廉王子與王子妃凱特，或是假想的大韓民國少年皇太子夫婦，高貴夢幻的皇室生活永遠都是大眾茶餘飯後的八卦話題；少女們也總是幻想著灰姑娘遇上白馬王子的戲碼，有一天能夠降臨在自己身上。

在不妨礙他人的前提之下，隨心所欲的生活及追求夢想，是身為現代人的自由，但對含著

金湯匙出生的權貴們來說，自由卻是奢侈品。當李信抱著采靜說：「不要離開我，不要留我一個人在這皇宮裡」時，觀眾們的情緒也隨之起伏……感嘆皇室宮廷徒有奢華表象，卻掩飾不了少年皇太子內心的寂寞與空虛。其實，不只是李信與采靜這對佳偶，我相信只要有一個值得依靠的人不離不棄地陪伴在身邊，每個人都是對方生命中最重要的王與后。

采靜在還沒入宮當太子妃之前，只是個愛吃辣炒年糕的開朗高中女生，連采靜的父母去探望心情不好的女兒時，為了不讓皇太后擔心，也說：「這丫頭要恢復精神很簡單，只要給她紅通通的炒年糕，加上辣雞腳就可以了！」

不只是采靜喜愛辣炒年糕，若是票選「韓國最佳人氣街頭小吃」，辣炒年糕肯定年年搶第一，可說是全韓國學生們瘋狂熱愛的課後零嘴；韓國媽媽們給小朋友的點心常常也是這道甜甜辣辣的炒年糕，它滿載了許多韓國人的童年和青春回憶。辣炒年糕，類似我們從小吃到大的甜不辣、臭豆腐，這種庶民美食所帶來的樂趣，我們台灣人最能感同身受，自在、不做作的幸福感，就在我們伸手可得之間。

首爾街頭隨處可見的小吃攤

한식 이야기
韓食小故事

近年來前往韓國旅遊的人越來越多，吃到道地辣炒年糕的機會也多了，不知大家是否發現到，韓國年糕跟台灣年糕吃起來的口感不太一樣？韓國年糕久煮不爛，主要是因為使用的米不同。台灣人製作年糕時，習慣混合秈米（在來米）跟糯米，秈米本身比較硬，加了糯米後吃起來就會比較Q，但相對地，也會出現類似麻糬遇熱容易糊掉的現象。而辣炒年糕用的韓國白年糕（가래떡）則幾乎全用粳米（蓬萊米），這種米本身的軟硬度適中，在台灣則直接拿來炊飯食用比較多。

韓式炒年糕辣辣甜甜、軟軟QQ的口感，讓人百吃不膩、吃了元氣大振。現在，台灣也買得到韓國進口的白年糕，心血來潮時，不妨親手下廚試試看吧！

떡볶이
辣炒年糕

請感受我單純卻快樂的日子

宮 野蠻王妃／第 11 集

材　料：
年糕. . . . . 300 克
韓式魚板. . . . . . 200 克
（每片約 17*9cm）

調味料：
辣椒醬. . . . . 2 大匙
辣椒粉. . . . . 1 小匙
醬油. . . . . 1/2 小匙
糖. . . . . 1 大匙
高湯. . . . . 2 杯

做　法：

1. 將魚板切成四等份，以熱開水沖洗魚板上的油脂，魚板組織層次也會較為張開，利於吸收湯汁入味。

2. 年糕以滾水煮至輕微膨脹浮出水面後，撈出以冷開水沖洗，輕柔搓去年糕表面滑溜的黏液，瀝乾水分。

3. 大鍋中放入年糕及冷高湯（高湯量約淹過年糕，不足可以水代替），調味料拌勻後溶入鍋中一起拌煮。

4. 以中火一起煮至湯汁半乾，加入魚板，繼續拌煮至剩少許湯汁，即完成辣炒年糕。

老闆的話

（1）煮年糕的時候，必須和緩地持續攪動，以免年糕會黏鍋底燒焦。
（2）除了魚板，也可以加入水煮蛋、韓式泡麵麵條⋯⋯等配料，讓辣炒年糕看起來更熱鬧豐盛。

傳說中的店！

宮 野蠻王妃
波斯菊炒年糕 코스모스 즉석 떡볶이

「宮 野蠻王妃」女主角采靜跟幾個姊妹淘最愛的炒年糕店就是「波斯菊炒年糕」，據說韓國重量級歌手金長勛（김장훈）默默無名時還在這裡當過 DJ 喔！看到店裡仍掛著多年前「宮 野蠻王妃」的劇照，氣宇軒昂的皇太子李信就坐在店裡的畫面瞬間回到腦海裡……現實中，這家店也確實就在首爾禮一女高（예일여고）及禮一設計高校門外，不只是女高中生們超捧場，鄰里間大小學校的學生們也總是成群結隊的來這裡吃炒年糕。

這家在小巷子裡的炒年糕店看來其貌不揚，但它就靠一鍋炒年糕長年佔據女學生們的心才叫厲害！基本鍋有辣醬跟炸醬兩種醬底（或是混合也可以），一般外面常見紅通通的辣醬底，不過來到這裡的客人有 70% 都點黑亮亮的炸醬底喔！偏愛吃什麼的話，都可以在點餐時直接加點，大家最喜歡加的莫過於拉麵，而炒年糕的好吃小祕訣就是從拉麵開始吃，在拉麵軟硬最適中的時候吃下肚，可別留在鍋裡煮糊。留下的濃稠湯汁也不要浪費，加入白飯、海苔絲炒一炒，又是一鍋香噴噴的炒飯！

美食地圖
PLUS

首爾市恩平區龜山洞（서울 은평구 구산동）

：10:00 ～ 22:00

炒年糕鍋／₩ 4000（兩人份）、
₩ 6000（四人份）、拉麵加點／₩ 1500

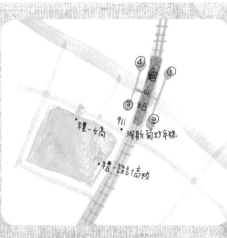

搭乘地下鐵 6 號線於龜山站下車，3 號出口出來後直行，
經過麥當勞後看到巷子右轉即可。

傳統歲時風俗與飲食文化

在韓國傳統社會中，歲時風俗與農耕週期息息相關，也影響著人們的日常生活，老百姓藉由這些節慶活動從辛勤的工作中暫時解脫及娛樂一番，為展開下一段落的工作做好身心上的準備，因此一年當中的重要節日，都相當受到韓國人的重視。

七月 七夕 칠석
農曆七月七日

傳說中牛郎與織女只有在七夕的夜晚，才能越過鵲橋相見，可說是極具東方色彩的情人節。此時當好是櫛瓜的產季，於是新鮮好吃、製作簡單的櫛瓜煎餅（호박전）便成為韓國七夕的代表飲食；依各地地產的不同，鄉民們也製作水蜜桃水果冰（복숭아화채），或以蓬萊米粉加上天然發酵甜米酒所製成的蒸糕（증편）當作應景節慶食品。

八月 中秋節／秋夕 추석
農曆八月十五日

在韓國，中秋節當日返鄉團聚及祭祖的車陣總是綿延千里，搭車的人潮也擠爆各個車站。過中秋節也代表慶祝豐收，而這天的傳統飲食便是以新米製作的半月型松糕（송편）。松糕一名乃因蒸糕時在蒸籠裡鋪了松針而來，加入松針的松糕吃起來有一股隱約的松香外，最重要的是松針能散發出大量具有殺菌作用的芬多精，讓松糕可以長時間保持新鮮。

九月 重陽節 중양절
農曆九月九日

此時秋高氣爽，楓葉漸漸轉紅，正適合登高賞楓，自古中韓皆有君王在此日率領大小官員遊覽山川名勝的傳統。時至今日，各級學校及企業也多在重陽節前後舉辦郊遊；一般人家也流行出外賞菊，並採拾菊花製作菊花煎餅（국화전），享受秋日裡的片刻雅致。此外，人們在這一天也釀菊花酒（국화주）喝，希望「九」上加「酒」的結合能帶來長壽之意。

十月 開天節 개천절
農曆十月三日

神話中韓國開國始祖檀君建立韓國的日子，因此也稱為國慶日。10月為一年中的上月，農活在此時全部結束，新收成的農穫正好可用在舉辦種種感謝祭典，被認為是一年當中最好的月份。10月，韓國已經進入寒冷的季節，所以當季飲食皆以熱食為主，如：駝酪粥（타락죽）、神仙爐（신선로）等，鄰里間也開始製作泡菜，儲存過冬所需的食物。

十一月 冬至 동지

過了冬至，冬日的威力就會逐漸減弱，而白晝會越來越長，是值得大夥歡天喜地慶祝一番的日子。延續夏季互贈扇子的習俗，到冬至時，大家則吃紅豆粥（팥죽）以及互贈月曆來迎接新年。這一天，用紅豆粥祭祖後，會與家人們分享，大家再依自己的年紀放入相同數量的小湯圓吃，既可以補充營養，相傳還可以利用紅豆屬陽的特性來驅魔辟邪。

十二月 除夕 제석
農曆十二月三十日

每一年的除夕夜，都會在位於首爾鐘路區普信閣（鐘閣）舉行除夕敲鐘活動，由各界代表出席敲響三十三聲鐘，象徵讓眾生共同參與「辭舊迎新」的過程。這天晚上，一方面開始準備迎接新年的歲饌外，一方面為了不讓剩餘食物留到新的一年，所以一般會在白飯中放入炒牛肉及各式剩餘蔬菜，加入芝麻油和必要的調料後，做成拌飯（비빔밥）吃。

第 7 回

美魔女
不敗傳奇

오! 마이 레이더
OH! MY LADY
愛你喲

明洞街頭的服飾代言海報

2010 年 韓國 SBS ／ 2010 年 台灣衛視中文台

崔始源	—	飾	成敏宇	名不副實的當紅偶像明星
蔡　琳	—	飾	尹開花	年過三十的離婚單親媽媽
李賢宇	—	飾	柳始俊	音樂劇製作公司社長
朴寒星	—	飾	洪友蘿	從海外歸國的成敏宇初戀女友

드라마소개
劇情簡介

尹開花離婚後獨自撫養女兒，由於繳不出房租，母女倆被房東趕到大馬路，尹開花不忍女兒跟著受苦，只好把女兒暫時託付給前夫。為了收入穩定後能重新和女兒一起生活，她應徵了音樂劇製作公司的工作，還兼差當起頂級明星成敏宇的家庭幫傭、成敏宇女兒的代理母親，最後更因緣際會地扛起成敏宇擔綱音樂劇主角的訓練監督工作。三人朝夕相處的同居生活，使得尹開花、大明星和大明星小女兒之間的感情越見深厚，也開啟了中年大媽與年輕花美男的甜蜜愛情故事。

* * *

想像一下，要是你也有個大明星男友的話，會準備什麼去探班，替他加油打氣呢？「浪漫滿屋」裡的女主角韓智恩和「OH! MY LADY 愛你喲」裡的尹開花都準備了紫菜包飯！雖然沒有高級昂貴的食材、也不具華麗氣派的外表，但紫菜包飯容易食用、能夠立即帶來飽足感的優點，正是忙碌行程中，填飽肚子的最佳選擇。

就像劇中尹開花替女兒準備校外教學便當一樣，紫菜包飯向來是韓國媽媽們替孩子準備運動會或郊遊便當的首選；而狗仔韓記者也總是一邊在停車場等著成敏宇出門，一邊窩在車上吃紫菜包飯。隨個人喜好而千變萬化的配料、室溫下較長的保存時間以及攜帶方便等特性，都讓紫菜包飯成為室外便餐的絕佳夥伴。

한식 이야기
韓食小故事

韓國的紫菜包飯和日本的紫菜捲壽司在外觀上看起來很像，但內容物有所不同，日式紫菜捲壽司通常使用醋飯，配料中常見海鮮魚貝；韓式紫菜包飯則習慣拌入麻油、鹽和芝麻，配料較少採用生鮮。

韓國人用紫菜包裹米飯的食用方式，約出現在朝鮮王朝中後期，1849 年「東國歲時記」中記載了「正月 15 日上元節，以紫菜包飯食用，稱作福裏（복쌈）」，也就是把福氣包起來之意，藉此祈願來年的順遂。當時的紫菜包飯圓圓的，接近現在的小飯糰模樣，之後才漸漸衍生出各式各樣的口味及樣貌。

在韓國，從便利商店、超市，到地鐵站、火車站，紫菜包飯的蹤影無所不在，人潮聚集之處也會有阿婆拉著小車販售紫菜包飯。它的口味多樣，除了基本款外，還有起司口味、泡菜口味、烤牛肉口味等紫菜包飯，而名聞遐邇的忠武紫菜包飯更是不得不提！

忠武紫菜包飯來自韓國南方慶尚南道的統營地區，相傳最初開發忠武紫菜包飯的是一名漁夫的妻子，因為丈夫在統營忠武港捕魚，上了船後總是以酒代飯果腹，妻子心疼丈夫的辛勞，為他準備了紫菜包飯。由於統營地區日照強烈，紫菜包飯很容易就腐壞，後來妻子突發奇想，將紫菜裹白飯、涼拌魷魚和白蘿蔔泡菜分開包裝的方式讓丈夫帶上船，之後其他漁夫也跟著做，與眾不同的忠武紫菜包飯便由此誕生了。

忠武紫菜包飯起初只在地方上流行，直至 1981 年，一位魚斗伊（어두이）奶奶將它帶到當時汝矣島廣場的「國風 81」文化節上販賣，受到首爾民眾的熱烈歡迎，一時之間門庭若市，經過媒體報導後更加聲名大噪，堪稱忠武紫菜包飯的全盛時期。

김밥
紫菜包飯

簡約樸素卻又充實飽滿的存在感

OH! MY LADY 愛你喲／第 5 集

材　料：

紫菜．．．．．．．．．．．8 張
白米．．．．．．．．．．．3 杯
小黃瓜．．．．．．．．．3 條
熱狗．．．．．．．．150 克
紅蘿蔔．．．．．．．．．1 根
蟹肉棒．．．．．．．200 克
黃蘿蔔．．．．．．．1/2 根
雞蛋．．．．．．．．．．5 顆

調味料：

食醋．．．．．．．．．．1 小匙
糖．．．．．．．．．．．1 小匙
水．．．．．．．．．3 至 5 杯
鹽．．．．．．．．．1/2 小匙
芝麻油．．．．．．．1 小匙
芝麻．．．．．．．．．．適量

做　法：

1. 淘洗白米煮成白飯，白飯稍微降溫後，拌入鹽及芝麻油，放涼備用。

2. 將小黃瓜、熱狗、紅蘿蔔、蟹肉棒、黃蘿蔔切成粗細相同的長條狀，再將熱狗及紅蘿蔔放入平底鍋，以少量的油將表面煎至上色，不需全熟、帶出香味及甜味即可，煎好放涼。

3. 將食醋、糖和水混合，黃蘿蔔條浸泡於糖醋水中 30 分鐘，以去除醃漬味。浸泡後，將黃蘿蔔取出並瀝乾表面水分。

4. 雞蛋打成蛋液，倒入平底鍋煎成蛋皮。蛋皮放涼後切成相同長條狀。

5. 取一張紫菜，均勻鋪上 1/2 至 3/4 面積的白飯，白飯厚度約 0.5 公分。

6. 將做法步驟 2、3、4 準備好的配料，各取一條堆疊在白飯前 1/2 位置。

7. 由配料端開始，將紫菜捲起，捲紫菜時要將內容物捲緊，以免切開後飯和配料鬆散掉落。

8. 捲好的紫菜包飯放涼後，表面可擦上薄薄芝麻油，再撒上芝麻增加香氣。最後依個人喜好切成適當大小即可。

老闆的話

（1）第一次嘗試紫菜包飯的新手可將竹簾、保鮮膜鋪在紫菜下方，協助捲紫菜。

（2）配料種類可依個人口味更換，建議盡量避免選擇水分過多的食材，以免紫菜吸收過多水分變軟、也影響米飯口感。在韓國，菠菜是常用的紫菜包飯材料之一，但台灣菠菜含水量較韓國菠菜多，故在此以蟹肉取代菠菜。

고맙습니다
謝謝你的愛

爺爺念念不忘
的情巧克力派

2007 年 韓國MBC ／ 2011 年 台灣八大電視台

張　赫 — 飾 閔祈瑞　　自我封閉的外科醫生
孔孝珍 — 飾 李詠新　　照顧著失智症爺爺的單親媽媽
許新愛 — 飾 李　春　　李詠新因輸血而感染愛滋病的八歲女兒
申成碌 — 飾 崔石炫　　李春的親生父親

드라마소개
劇情簡介

外科醫生閔祈瑞因無法治癒罹癌女友而自暴自棄，在女友死去後，他帶著追憶的心情來到
藍島，在舊地重遊的島上，結識了善良堅強的詠新、小春及失智症爺爺 Mr. 李一家人。

由於小時候的一場車禍，小春在治療過程中感染了愛滋病，詠新細心教育她長大，杜絕他
人碰到小春血液的可能性，但是，當村人得知小春的愛滋病帶原者身分後，因為無知和害
怕而排擠詠新一家人。祈瑞則默默地守護著他們，在與詠新一家人交往的過程中，他原本
自我封閉的心扉也逐漸打開……

* * *

祈瑞：「時時刻刻都謝謝，對著仇人也謝謝，爺爺這麼教，孫女才會每天做愚蠢的事，被人欺負
瞧不起。帶著那種想法要如何在這骯髒的社會裡生存下去啊！什麼美麗的世界，真是狗屁！」
Mr. 李：「是，哥是狗屁。」
祈瑞：「我不是狗屁，我說世界是狗屁！」
Mr. 李：「是，因為哥是狗屁，所以世界才是狗屁，你這個笨蛋。」

在「謝謝你的愛」這部戲裡沒有驚天動地的愛情故事，也沒有讓人恨得牙癢癢的反派角色，更沒有完美的好人，每個角色都擁有自私、逃避等等人性脆弱的一面，但也正因如此貼近人性，觸動了觀眾切身的感動。

戲末，Mr. 李自知不久於人世，於是帶著感謝之意，連夜發送每戶鄰居巧克力派的情節，讓我忍不住視線模糊……主角們的天真與單純，默默淨化了被世俗纏身的我們，也讓我們更能體會「懷著感謝的眼光，就能看見美麗的世界，而不是狗屁」的意涵。

而戲中暗戀 Mr. 李的老奶奶，則為觀眾演繹了另一種單純的美好。某日午後，鄰家老奶奶用春日裡剛採摘下來的新鮮花朵親手為 Mr. 李做了他愛吃的「金達萊花煎」，花煎上的花瓣看起來粉嫩羞澀，含蓄地傳達出金達萊花所代表的堅貞、美好與幸福，若說巧克力派代表了老爺爺的情與義，那麼這帶著微甜的金達萊花煎，也恰如其分地暗示了老奶奶那隱藏在心中許久，如少女般嬌羞的愛慕之意。

한식 이야기
韓食小故事

金達萊花煎，是一道韓國傳統的甜煎餅料理，自新羅時代以來，韓國便流傳著「花煎遊」（화전놀이）及吃花煎的習俗。所謂「花煎遊」是讓平日不能隨意出門的婦女們在上巳節（農曆三月三日）這天，到野外踏青、吃花煎的遊玩活動，女孩子們陶醉在春暖花開的懷抱裡，或唱或跳，並創作及吟詠花煎歌謠來抒發心中的感受。有歌、有酒，當然也會玩點小遊戲，這些遊戲之中最特殊的當屬花鬥遊戲，「花鬥」是讓分組的雙方用金達萊花花蕊交纏後互相拉扯，先斷的那邊為敗方，勝的一方賞酒，敗的一方則被罰酒。

這個活動流傳至今，在春暖花開的上巳節、九九重陽節，人們還是習慣製作金達萊花煎、菊花煎來搭配花茶或花釀酒。金達萊花屬於杜鵑花的一種，盛開在春季，其他季節則延伸出金達萊花以外的花煎，夏天有玫瑰、秋天有菊花，其他像柚子花、櫻花也是常用的花煎食材。利用這些五彩繽紛的鮮花做成料理，彷彿將大自然的美麗、浪漫端上餐桌，它的製作方式並不複雜，在韓國綜藝節目「家族誕生」中，孝利姊姊也曾做過這道金達萊花煎喔。

화전
四季花煎

材　料：
糯米粉........200 克
溫熱水.........50 克
鹽...........1/2 小匙
食用油........ 適量
可食用有機鮮花.. 適量

調味料：
蜂蜜..........100 克

做　法：

1. 將鹽溶於溫熱水中，再與糯米粉混合揉成米糰。（溫鹽水以少量多次的方式加入米粉中，
   使米粉成糰不黏手，揉捏時可感到濕氣，不會因過乾而隨施力粉碎。）

2. 將米糰捏成一個個直徑約 5 公分、高約 0.5 公分，中央薄而周邊較厚的圓餅。

3. 平底鍋中倒入適量食用油，放入圓餅狀米糰，以小火煎，接著在向上未煎的那一面壓進
   鮮花，翻面再煎。

4. 煎至兩面皆成淡金黃色，盛盤，表面刷上蜂蜜，完成！

老闆的話

做花煎時，選用的花材務必挑選可食用的鮮花。花卉種類甚多，看似相同卻不見
得都能食用。以杜鵑花為例，全世界共有 900 多種，韓國人常用來製作花煎的是
可食用的迎紅杜鵑，和台灣路上經常見到的平戶杜鵑或山上的台灣原生杜鵑，都
是不一樣的喔！

결혼 못하는 남자
不能結婚
的男人

2009 年 韓國 KBS ／ 2010 年 台灣中天電視台

池振熙 — 飾 趙宰希　　擁有一家建築事務所，性情古怪的單身魅力男
嚴貞花 — 飾 章文靜　　年近四十還是對愛情存有浪漫想像的女內科醫生
梁靜雅 — 飾 尹基蘭　　趙宰希的大學同學，暗戀趙宰希超過十年的事務所夥伴
金素恩 — 飾 鄭柳真　　趙宰希的少女鄰居，養了一隻喜歡趙宰希的寵物狗

드라마소개
劇情簡介

趙宰希是一家知名建築事務所的老闆，工作表現傑出、力求完美，但在人際關係上卻是個
低能兒，不僅個性固執、怪癖一堆，對於看不順眼的人事物更是毫不留情的批評。對於踏
入婚姻有嚴重障礙的他，把家裡當成神聖的私人領域，享受著孤獨的生活。直到一名年紀
相當、只知道寄情於工作的女醫生闖入宰希的生活後，他才逐漸走出內心的高牆，學會愛
人與被愛，體會人情所帶來的溫暖與悸動。

* * *

「不能結婚的男人」改編自同名日劇，不管是日版的阿部寬或是韓版的池振熙，都把戲中
神經質的建築師詮釋得入木三分，劇情詼諧之餘也探討了許多感性的議題。每個人的個性
形成必有其背後的原因，任誰都有一套「活著就要這樣才舒服自在」的理論，就算勉強配
合他人，終究無法長久，所以懂得享受與自己獨處，確實也是一種藝術。

「改變」這種事情是強求不來的，但是當我們真心、自然地想為一個人改變自己時，改變
就有可能持續。當你開始想去珍惜一個人，心裡就不再只想著自己，取而代之的是希望看

到對方開心、願意去做讓對方開心的事情，就像女醫生帶走了宰希不需要的孤獨，而他為女醫生放棄了一些古怪的堅持。愛的神奇就在於它總是讓我們心甘情願地扛起更多責任，一個人的生活當然也能活得精采，但有伴分享的人生卻顯得更加深刻。

「好事與人分享，快樂乘以兩倍；傷心有人分擔，難過可以減半！」非常重視群體生活的韓國人還真是徹底地執行了這個說法。在韓國，要是「不得已」一個人去吃飯的話，或多或少都感覺得到其他人向你投射而來的那種異樣眼光。在韓國人眼裡，獨自在外面吃飯的人不是難相處就是哪裡有問題，拉麵、炒年糕等小吃店就算了，通常大家聚餐才約著一起去的「烤肉店」，若是一個人獨自去吃，絕對是怪中之怪！

在「不能結婚的男人」第二集中，獨自坐在餐廳裡，對著牛肉喃喃自語的怪咖男主角趙宰希正是這種人，還好他幸運地遇到了處處理解他的女醫生，願意跟他一起吃飯。雖說和一個牛肉要烤幾秒鐘、要不要沾醬吃都管的人吃飯頗累，不過撇開宰希吹毛求疵的個性不說，他確實是個懂得美食的男人，深諳真正的好食材不需要多餘的調味，越是保持原味，越能吃出食物的精華。

한식 이야기
韓食小故事

牛肉向來是珍貴的食材，在供應量不是什麼問題的現代社會，美食家講求牛的來源、品質及養殖方式，依不同部位不同特性，該用什麼方式來烹煮才對味也非常重要。

牛肉的分類其實在不同的國家會不太一樣，劇中男主角在餐廳裡所點的牛肉中有一種是「꽃등심」，相當於「肋眼」。在韓國人眼裡，比起入口即化，他們更喜歡稍微帶點嚼勁的肉質，在品嘗之中感受牛肉的香氣，肋眼就是兼具嫩度與勁道、又帶點油脂，增添滑順口感的部位，無論乾煎或是炭烤都很適合。除了宰希的吃法外，接下來介紹一個比較特別的韓式牛排做法給大家。

유자청 스테이크
柚香牛排

不能結婚的男人／第 15 集

材　料：

沙朗牛排......300 克　　糯米粉.........適量
橄欖油.........適量　　小黃瓜.........1 根
紅蘿蔔........1/3 根

調味料 A：
醬油.....1 又 1/2 小匙　　胡椒粉.........少量
蔥末........1/2 大匙　　芝麻油......1/2 大匙
蒜泥........1/2 大匙　　鹽.........1 大匙

調味料 B：
黃芥末醬...1 又 1/2 匙　　白醋.........1 大匙
柚子醬........4 大匙　　蒜泥.........3 小匙
鹽.............少許

做　法：

1. 牛排切成適合入口的大小後，加調味料 A 醃漬 20 分鐘。

2. 小黃瓜表面以刀背輕刮洗淨後斜切成片，紅蘿蔔洗淨去皮後切成絲。取一圓盤，將小
   黃瓜繞圓形攤開、擺放成花瓣狀，再將紅蘿蔔絲輕輕堆疊在中央。

3. 混合調味料 B，充分攪拌均勻成柚子沾醬備用。

4. 平底鍋內倒入少許橄欖油，將醃好的牛排表面沾裹薄薄的糯米粉下鍋煎熟，起鍋後，
   一片片圍著小黃瓜片及紅蘿蔔絲擺放，淋上調好的調味料 B，完成。

5. 將剩餘的柚子沾醬倒入小碟一起上桌。食用時，取一片牛排沾些許醬料，捲著小黃瓜、
   紅蘿蔔一起吃，就是滿嘴飄香又爽口不膩的特製韓式牛排！

老闆的話

　　（1）台灣買到的柚子醬大多是蜂蜜柚子醬，口味偏甜，因此可稍微增加白醋
的份量，邊嚐邊調，讓沾醬透著酸酸甜甜的風味。（2）除了小黃瓜、紅蘿蔔，
也可搭配其他蔬菜一起捲著吃，像韭菜、水梨絲……都是不錯的選擇喔！

온에어
真愛 ON AIR

暢快地來一杯
真露吧！

2008 年 韓國 SBS ／ 2008 年 台灣緯來電視台

宋允兒 — 飾 徐英真　　擅長「不治、不倫、不可能」題材的人氣編劇作家
朴容夏 — 飾 李慶民　　沉默寡言的電視台黑馬導演
金荷娜 — 飾 吳升雅　　號稱「國民妖精」，期望成為實力派演員的女星
李凡秀 — 飾 張基俊　　經紀公司社長，培育許多明星，後來成為吳升雅的經紀人

드라마소개
劇情簡介

轉換寫作風格的人氣編劇徐英真、初次執導戲劇的李慶民、傲慢卻無演技可言的當紅女星
吳升雅，加上打算東山再起的經紀人張基俊，因為一部電視劇「Ticket To The Moon」而
登上同一艘船，他們彼此衝突卻又互補的性格，在感情與工作上碰撞出許多意想不到的火花。

藉由票房神話劇作家及菜鳥導演的新奇組合，「真愛 ON AIR」讓我們看到螢光幕後的劇組
工作人員，最真實的情義與掙扎。

＊　＊　＊

九份、花蓮、日月潭……這些台灣人再熟悉不過的場景，讓「真愛 ON AIR」特別受到我
們的注目，也因為同樣的理由，讓韓國人驚豔於台灣美麗的風景。很多韓國朋友說：「看
了『真愛 ON AIR』後，好想去九份、日月潭喔！」每次聽見這樣的話，我都希望來台灣
實地拍攝的戲再多個十部吧！不過，若是有韓國朋友第一次來到台灣玩，建議千萬不要馬
上大推臭豆腐到人家嘴邊喔！就像我們一到韓國也無法馬上習慣餐餐吃泡菜、夜夜喝燒

酒，有些入境隨俗的體驗畢竟還是得慢慢來。

韓國人的飲酒文化聞名於世，大白天工作到一半就已經喝到酩酊大醉的情節，這部戲裡就有！因為選角問題而導致新劇拍攝進度停滯不前，菜鳥導演慶民跟著基俊來到徐編劇媽媽開的「全韓國第一好吃」馬鈴薯湯店喝酒解悶。誰知不到半瓶燒酒，慶民就已經醉到酒後吐真言的地步，平常總是酷勁十足的慶民，在馬鈴薯湯及燒酒的誘惑下，露出可愛的一面，還大膽對著徐編劇叫姊姊呢。

韓國人不但能喝也愛喝，開心要喝、傷心更要喝，同事、朋友聚餐續個兩、三攤是基本，他們愛喝酒的程度，只能用「夜夜醉到深處無怨尤」來形容。韓國不僅喝酒文化精采，解酒文化更是獨樹一幟，解酒湯的名目多到令人眼花撩亂，諸如：豬骨解酒湯、明太魚解酒湯、牛血解酒湯、黃豆芽解酒湯……總之，就是利用天然的食物來促進酒精代謝，補充流失的水分，同時暖和脾胃、提振食慾。

한식 이야기
韓食小故事

劇中兩位男士吃的馬鈴薯湯，跟豬骨解酒湯很類似，一般大眾普遍認為豬骨解酒湯就是馬鈴薯湯的前身，在馬鈴薯傳進韓國後，人們在豬骨解酒湯裡加入大量馬鈴薯，才搖身一變成為馬鈴薯湯。馬鈴薯湯口味濃郁，湯頭帶著微辣，豬脊椎骨中的骨髓細滑多脂，和高湯融合成一體，燉煮入味的蔬菜和馬鈴薯更是吸滿了湯汁，料中有湯，湯中有料。馬鈴薯湯蛋白質、鈣質及維生素 B1 豐富，對於孩童的成長發育、勞動者補充精力或預防老化、骨質疏鬆相當有幫助喔！

大多數韓國人吃馬鈴薯湯到最後，還剩一點湯汁時，喜歡往裡頭倒入一碗白米飯，再加上芝麻、紫菜，煮到水分收乾為止，稱為「볶음밥」。單從字面上翻譯雖然是炒飯，但烹煮方式及口感比較接近燉飯，米粒吸取高湯精華後變得飽滿鮮美，再搭配上芝麻、紫菜的香氣，為馬鈴薯湯劃下了完美的句點。

刻骨入髓的解酒美味

감자탕
馬鈴薯湯

真愛 ON AIR ／第 9 集

152

材　料：
豬排骨........400 克
馬鈴薯（中）......3 個
小白菜......... 一把
金針菇..........1 包
蒜頭...........6 瓣
洋蔥...........1 個
蔥.............3 支
月桂葉..........3 片
生薑...........5 片

調味料 A：
大醬........1/2 大匙
料理酒.........2 大匙

調味料 B：
大醬.....1 又 1/2 大匙
辣椒粉.........2 大匙
蒜泥..........2 小匙
醬油..........2 小匙
鹽............2 小匙
胡椒粉......... 適量

做　法：

1. 豬排骨浸泡於冷水中兩小時以上，充分去除血水。

2. 去除血水後的豬排骨，用熱水燙煮 5 分鐘左右後取出，充分沖洗，再放進乾淨的鍋中，
   注入八分滿的乾淨冷水，加入調味料 A、蒜頭、洋蔥、蔥、月桂葉、生薑，開大火，待
   水滾後轉中火續煮，熬煮過程中，持續撈除雜質浮沫及過多油脂。

3. 小白菜洗乾淨，放進滾水中煮 5 分鐘後撈起，用冷水沖過、瀝乾。另外取一容器，將調
   味料 B 充分混合後，倒入小白菜攪拌均勻。

4. 馬鈴薯清洗、去皮、對切，以小刀將尖角及平面部分削圓，較不容易因攪拌碰撞而碎掉。

5. 豬排骨高湯熬煮約兩小時後，撈除鍋中所有熟爛的辛香配料，加入醃製過的小白菜、金
   針菇及馬鈴薯，再以中小火煮 30 分鐘左右，即完成馬鈴薯湯。

老闆的話

豬骨建議可選購豬脊椎部位的排骨，這邊的排骨雖然肉比較少，但熬煮
出來的湯頭特別香醇濃郁喔！

傳說中的店！

真愛 ON AIR
年糕時代烤肉專賣店 떡쌈시대

在「真愛 ON AIR」裡出現的美食店，除了馬鈴薯湯外，另外還有一家「年糕時代烤肉專賣店」。「年糕時代」是一家遍佈韓國的連鎖餐廳，而「真愛 ON AIR」的實際拍攝地則是首爾市鐘路區的本店。戲中男主角的媽媽餵兒子吃了一口年糕片包烤肉的場面也是在「年糕時代」拍的喔。

烤肉店在韓國處處可見，激烈的競爭情況之下，想讓客人不斷回流，當然得靠店家別出心裁、找出獨家的賣點才能勝出，在這個一級戰場裡與眾家烤肉店廝殺的「年糕時代」，便是以獨特的切片薄片年糕包裹烤肉一起吃的招牌吃法，擄獲了眾多老饕的心。除了年糕片以外，還有白蘿蔔片、洋蔥、各種生菜及五種特製沾醬，供客人隨自己的口味及喜好搭配烤肉食用。大家普遍熟知的韓式烤肉吃法，不外是搭配生菜或泡菜、蒜頭一起吃，「年糕時代」用年糕片包裹烤肉入口的絕妙食感，就等您親自品嘗看看囉！

美食地圖
PLUS

首爾市鐘路區貫鐵洞 44-1 號
（서울 종로구 관철동 44-1 번지）

📞：02-737-3692

🕐：11:00 ～ 24:00（無休日）

招牌泡菜三層肉／W 11000（韓國產三層肉、
年糕片、泡菜、馬鈴薯片、豆芽、洋蔥等）

搭乘地下鐵 1 號線於鐘閣站下車，4 號出口
網址：http://www.ttokssam.co.kr/

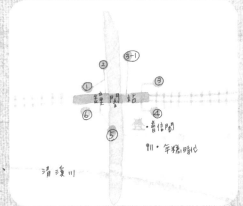

155

年輕化的食尚節日慶典

為鼓勵大家多多食用當地產品，韓國相關單位巧妙地為各種食材設計了一系列的食物節，在各個食物節當天，地方上還會舉辦相關活動，利用試吃、料理教學等方式，讓鄉親父老們更了解這些食物對身體的好處，真是年輕靈活又可讓一家大小積極參與的行銷方式！

三層肉節 삼겹살데이 三月三日

三層肉跟 3 月 3 日非常容易聯想在一起，所以現在，三層肉節在韓國已經是全國通曉的節日了，每年到了這天，路上每一家烤肉店的生意都好得不得了！通常在 3 月 3 日這天，店家也會給客人一些特別的折扣或促銷。

鮪魚節 참치데이 三月七日

鮪魚與 3、7 的韓文發音非常接近，故訂這一天為鮪魚節。鮪魚生魚片美味，製成鮪魚罐頭後的用途更是廣泛，甚至有家餐廳就直接用鮪魚節當作店名，販賣各種鮪魚料理。

小黃瓜節 오이데이 五月二日

小黃瓜的韓文發音就是 5 與 2 的韓文發音。在韓國料理中，小黃瓜也是常見的食材，簡單的小黃瓜泡菜就美味十足，吃烤肉時，搭配沾點辣椒醬或大醬調味的小黃瓜，可以立即帶來清爽的口感。

葡萄節 포도데이 八月八日

數字 8 的模樣就像顆顆葡萄串在一起的樣子，而且 8 月是韓國葡萄的盛產季，所以把 8 月 8 日訂為葡萄節。對於長時間坐在書桌或電腦桌前、缺乏運動的人來說，葡萄在補充體力方面，具有非常好的效果。

烤肉節 구이데이　九月二日

烤肉跟9、2的韓文發音一樣。所以訂9月2日為烤肉節。韓國烤肉不只受到韓國人喜愛，到韓國旅行的外國觀光客最抵擋不了的美食也是韓國烤肉！不管是牛、雞、豬……烤法非常多元，最重要的是千變萬化的配料及沾醬最是讓人欲罷不能。

雞肉節 구구데이　九月九日

咕咕叫是我們形容公雞啼的聲音，而咕咕又正好跟9的韓文發音一樣，於是9月9日雞肉節就這麼來了。炸雞在韓國是老少咸宜的食物，小孩當作課後點心，對大人來說則是非常好的下酒良伴！

蘋果節 애플데이　十月二十四日

這個日期跟蘋果的關聯要多動點腦筋囉。10月是蘋果產季，而2就是兩個人，再加上韓文裡蘋果及道歉的發音相同，4又是蘋果及道歉的首字發音，因此，蘋果節的用意也在於鼓勵大家，平時若是與人有什麼小摩擦，不妨在這天勇敢地向對方說聲對不起喔。

年糕節 가래떡데이　十一月十一日

原本這一天已是年輕人熱愛的「PEPERO DAY」，朋友間會互送巧克力棒來傳達友情，後來，也借用了同一天推出年糕節，白胖細長的年糕看起來是不是就像數字1呢？這一天其實也是韓國的農人節，所以鼓勵大家在這一天多吃米，希望能增加米農們的收入。

第 8 回

愛情女神
vs. 型男鐵漢

시티헌터
城市獵人

男方主角的初
會地－光化門

2011 年 韓國 SBS ／ 2011 年 台灣東森電視台

李敏鎬	— 飾	李允誠	國家情報單位幹員，從小被養父以復仇為目標，訓練長大
朴敏英	— 飾	金娜娜	柔道高手，在青瓦台擔任總統警衛官
李俊赫	— 飾	金榮柱	極富正義感的首爾地方檢察廳特別部檢察官
具荷拉	— 飾	崔多惠	不愛讀書的現任韓國總統女兒

드라마소개
劇情簡介

外表帥氣斯文的李允誠從小就在以復仇為目標，艱辛冷血的嚴格訓練之下長大。他在金三角過著與同齡小孩大不相同的生活，取得美國麻省理工學院（MIT）博士學位後，進入青瓦台工作，私底下則默默進行著代父報仇的計畫，並在尋找殺父仇人的過程中，與總統警衛官金娜娜發展出一段糾結的愛戀。最後，與失散了二十八年的生父母重逢，治癒了深埋在他心中的傷痛，也讓他重新對愛有了體認。

* * *

復仇雖然是「城市獵人」的主調，但藉由親情的推波助瀾，讓我們得以更融入劇情，切身感受主角的喜樂與淚水。一幕允誠小時候被訓練到滿手都是傷痕，卻只能看著玩伴依偎在媽媽腿上的景象，不知勾起了多少媽媽觀眾們的惻隱之心……也多虧允誠的成長中還有泰國奶媽的關愛，才讓他沒被滿腦子復仇的思想佔據，一直保有人性中的良善面，他明白冤冤相報只有帶來無止境的毀滅與傷害，唯有以法律制裁的復仇方式，才能帶來真正平靜的生活。

生下沒多久就被迫和兒子分離的允誠生母，也是這場復仇遊戲的受害者，她帶著自責與心痛獨自活了二十八年，重病纏身的她終於與兒子相認時，口中一邊重複著「對不起」，一邊說：「媽媽沒有一天忘記你，比起多活一天，我更想親手做一頓飯給你吃，看看你開心吃飯的樣子。」在母親的淚水中，原以為被媽媽拋棄的怨恨與不甘，也在一鍋以母愛熬煮的味噌鍋中徹底溶解……

한식 이야기
韓食小故事

就像台灣媽媽常做的陽春麵，韓國常見的媽媽牌「味噌鍋」，也是每個韓國遊子最懷念的味道。煮一鍋美味的韓式味噌鍋不難，基本元素不外乎大醬、水及提味的蔬菜，而能大聲說出隨便煮都好吃的自信，就來自神奇的大醬本身！大醬，就是以大豆為主要原料經發酵熟成所製成的醬，也有人稱它黃醬或豆醬，富含促進細胞新陳代謝的維生素 B12 及植物性蛋白質。

韓國三大醬：辣椒醬、醬油、大醬，可說是韓國料理的靈魂所在，在過去科學不甚發達的年代，若是哪一年醬料的味道變了，全國上下就要開始緊張，是不是老天爺生氣了呢！醬料在韓國人心目中的地位也在此顯露無遺。

韓民族食用大醬的歷史，在史書上有洋洋灑灑的記載，沿襲古法製作大醬所需的繁複過程，也遠遠超過我們的想像。簡單來說，首先要將大豆煮熟製成引發大豆發酵的豆醬餅，再將豆醬餅跟一定比例的大豆、鹽水、醬油，及蒸煮過的米等原配料一起放入醬缸中，然後將這陶土製作的天然材質醬缸置於陽光充足、空氣流通的地方，隨其自然發酵。

在大自然中呼吸、成長的大醬好壞很容易受到氣候的影響，如何跟隨氣候變化而調整配料比例及發酵時間長短，絕對需要數十年的經驗累積才能做出正確判斷，韓國最有名的大醬釀製達人就在全羅北道的淳昌郡，而淳昌除了大醬外，也以長壽村聞名，據說這與當地居民經常食用大醬製品的習慣有關。有興趣的朋友們不妨安排一趟淳昌大醬村美食之旅，體驗一下親手製作古法大醬的樂趣喔！

된장찌개
韓式味噌鍋

一鍋濃縮了二十八年母愛的熱湯

城市獵人／第 14 集

材　料：

豆腐 . . . . 1 塊
香菇 . . . . 100 克
洋蔥 . . . . 1/2 個
櫛瓜 . . . . 1/2 條
馬鈴薯 . . . . 1 顆
青辣椒 . . . . 2 根
紅辣椒 . . . . 2 根
昆布 . . . . 5 片
柴魚片 . . . . 1 小包
水 . . . . 3 杯

調味料：

蒜泥 . . . . 2 小匙
大醬 . . . . 2 大匙
辣椒粉 . . . . 2 小匙

做　法：

1. 將豆腐切塊；洋蔥、櫛瓜及馬鈴薯切丁；青、紅辣椒切斜片。

2. 將香菇蕈摺面朝下，輕敲以清除蕈摺裡的粉塵。取下香菇柄後切絲。

3. 以濕布略微擦拭昆布表面後，加 3 杯冷水浸泡 30 分鐘，之後開火煮 3 至 5 分鐘，再取出昆布。

4. 將柴魚片放入昆布高湯鍋中煮至沸騰，湯滾後 2 至 3 分鐘熄火，並撈除柴魚片及浮渣、碎屑，做成昆布柴魚高湯。

5. 高湯中先加入洋蔥丁，熬煮出甜味，洋蔥軟化後，再加入香菇絲、櫛瓜丁及馬鈴薯丁。

6. 最後加入調味料及青、紅辣椒片調味即可。

老闆的話

香菇的味道重，也可以改放金針菇或都不放。韓國人有時會放進幾顆紅蛤，我們也可用幾顆海瓜子、蜆代替，增加鮮度。

미스 리플러
雷普利小姐

和著白飯吃的
美味生醃醬蟹

2011 年 韓國 MBC ／ 2011 年 台灣衛視中文台

李多海 — 飾 張美里　　出身複雜的收養家庭，回到韓國後成為飯店職員
朴有天 — 飾 宋有鉉　　國際度假村集團繼承人，相信眼見為憑、實事求是
金承佑 — 飾 張明勳　　飯店經理，能力強、自我要求高的實力派精英
姜惠貞 — 飾 文熙珠　　喜歡宋有鉉，和張美里是小時候在孤兒院的好友

드라마소개
劇情簡介

本性善良、外表出眾的張美里，因養父的債務被賣到紅燈區陪酒；複雜的環境造成她對人的不信任，也認為成功不需要腳踏實地。還清債務後，為了尋找親生母親從日本回到韓國，沒有學歷且無依無靠的她，面試處處碰壁，無路可走時，一個偶然的謊言讓她得到夢寐以求的工作，然而，也從此活在必須不斷說謊的惡性循環裡……但比起不堪的過去，她寧願成為一個有地位的壞女人。在謊言世界裡，美里同時與兩個男人交往，就在她以為渴望的一切即將到手前，謊言卻有如泡沫般接連破滅，重回到屬於張美里的真實。人生，也從頭開始。

＊　＊　＊

對張美里來說，社會充滿了虛偽、謊言與假象，是世人的眼光逼她說了謊？又或者，我們的社會仍然充滿正義，相信惟有誠實正直一途才能取得美滿成功？「雷普利小姐」這部戲的內容雖然沉重，卻引人深思。

李多海詮釋的張美里，迫切於擺脫不堪的過往，最後卻失去自我，連自己都聽不見靈魂掙

扎吶喊的聲音，看不見心底真正渴望的幸福。在我看來，這個女人可憐比可怕的成分更多，即便她不斷地說謊、傷害他人，但在與人的互動當中，依然能感受到她的真心並沒有消失，只是被壓抑了。

劇中，為了接近身為飯店會長的有鉉父親，美里自告奮勇送餐到醫院，還親手為會長剝蟹醬，她細膩的剝蟹手藝與心思，讓住院中的會長飽餐一頓，也留下深刻印象。雖是為了刻意表現才剝蟹醬，但透過十指所傳遞的溫暖絕非剪刀或食具可以比擬，這份手感使得蟹醬值得再三回味。

韓食小故事

提到蟹醬（게장），忍不住想多介紹一些。韓國食堂偶爾會將以辣醬醃漬的辣蟹醬做為小菜，生螃蟹被紅通通、略帶甜味的醬料包裹著，是道光看就食慾大增的下飯涼菜。但相較於辣蟹醬，我更推崇傳統的醬油蟹醬（간장게장）。

在韓國，每年三至五月中旬是母蟹味道最好的時候，這時的蟹肉鮮甜、蟹黃濃郁，與醬油醃料的甘甜互相襯托，在口中融合成一種全然不同的美味，是韓國人心目中醬油蟹醬（後簡稱醬蟹）的夢幻逸品。

在港片裡星爺吃麵有五字訣，韓國人吃醬蟹也有五字要領，那就是「開、掰、吸、拌、摳」。要品嚐醬蟹的第一步就是小心剝開蟹殼，再將蟹身從中對半掰成左右兩截，此刻，半透明的蟹肉及橙黃的蟹卵出現眼前，只要輕輕吸咬，蟹肉、蟹黃便順勢滑入口中，嚐起來淨是柔軟鮮嫩、不帶腥味。第四為「拌」，開始享受醬蟹的第二層精華，請取適量的白飯放入蟹殼中，撒上一點生芝麻，與剩餘的蟹黃、醃醬攪拌均勻，這時蟹香透過飯的熱氣四處飄散，直接入口或捲在烘烤過的紫菜裡吃風味十足，沉浸在這醬蟹拌飯裡，連老饕都難以抵抗「飯盜」上身，回過神來已經不知吃下幾碗白飯囉！最後，當然別忘了「摳」字訣，清理好牙間的細碎蟹殼才是完美的結束喔。

雖然在家中也能自行醃漬，但對料理者來說，算是一項有挑戰性的佳餚。醬蟹的製作稍有難度，尤其醬油的調味比例拿捏要得宜，鹽分過多太鹹，鹽分不足又怕醬蟹腐壞。若有機會去韓國的醬蟹專門店嚐鮮，對於調味的輕重就更容易掌握。

生醃醬蟹
간장게장

材　料：

三點蟹 .. 3 隻/ 每隻約半斤
會辣的辣椒 .... 10 根
蔥 .... 2 支
生薑 .... 30 克
蒜頭 .... 6 瓣
甘草 .... 3 片
青辣椒 .... 1 根
紅辣椒 .... 1 根

調味料 A：
醬油 .... 1 杯
料理酒 .... 1 杯

調味料 B：
糖 .... 2 小匙
醬油 .... 1 杯
水 .... 1 又 1/2 杯

做　法：

1. 仔細刷洗螃蟹，尤其是蟹腹的蓋子內，然後將蟹肚朝上，擺放至較大型的容器中，淋上調味料 A，放進冰箱冷藏室，靜置一天。

2. 辣椒、蔥、生薑、蒜頭、甘草洗淨、切段或切片備用。

3. 由冰箱取出前一天醃漬的螃蟹，倒出醃漬螃蟹所用的醬汁於鍋中，加入調味料 B 及做法步驟 2 中準備好的材料，約煮 3 分鐘，靜置待涼後，淋在螃蟹上，讓螃蟹充分地浸泡在醬汁裡，再放進冰箱一天。重複此步驟，讓螃蟹反覆浸泡三至四天，便大功告成。

4. 取出螃蟹，用手掀開蟹腹蓋子，由縫隙處施力，分開蟹殼與蟹身，卸下蟹腳。接著去除蟹腹蓋子內及蟹身兩側的鰓、胸內的肺以及藏在殼內的肝。最後將蟹身掰成左右兩半，與其他可食用部分，一一擺放至淺盤中。

5. 淋上原來醃漬用的醬汁，撒些許青、紅辣椒做裝飾，便可上桌慢慢享用！

老闆的話

　　（1）韓國普遍用花蟹（꽃게）製作生醃醬蟹，在台灣建議買三點蟹。（2）螃蟹死後細菌會馬上滋生，若生吃可能中毒，因此一定要用活螃蟹，切勿用已死或冷凍過再解凍的螃蟹。選購時除了看螃蟹嘴巴的開合速度、肢體活動力外，還可輕壓腹部，新鮮的螃蟹腹部較硬，不會出水，也不會輕易粉碎。（3）購入活螃蟹後需盡快料理。料理前若還很有活力，可放在室溫下；若活動力已開始下降，則暫放冰箱冷藏，讓螃蟹休眠，降低代謝率、延續生命力。

特務情人 IRIS
아이러스

賢俊與聖熙相
遇在延世大學

2009 年 韓國 KBS ／ 2011 年 台灣東森電視台

李秉憲 — 飾 金賢俊　　機智冷靜、具行動力、有天分的 NSS 國家安全局要員
金泰希 — 飾 崔聖熙　　NSS 中美麗的犯罪心理分析專家，與金俊賢是一對戀人
鄭俊鎬 — 飾 陳思佑　　喜歡崔聖熙，與金賢俊形同手足，NSS 中的模範精英要員
金素妍 — 飾 金善華　　忠誠的女戰士，北韓最高作戰工作員

劇情簡介
드라마소개

國家安全局（NSS）要員金賢俊，接獲暗殺北韓最高人民委員長的祕密任務，雖然暗殺成功，卻也因身負重傷而導致事跡敗露。當他向長官求助時卻遭到無情對待，在南北韓要員佈下天羅地網的夾殺下，自此陷入一發不可收拾的危險，為了找回自由，他只好展開復仇計畫。

另一邊，無法相信賢俊死訊的聖熙一步步抽絲剝繭，慢慢接近賢俊；而負責暗殺賢俊的善華，卻不由自主地愛上自己的獵物……為了阻止第二次朝鮮戰爭爆發，南北韓諜報人員們捲入了一場場令人窒息的鬥爭、背叛以及複雜的愛恨情仇之中。

* * *

「特務情人 IRIS」播出時受到相當多觀眾的支持，在電視劇、原聲帶以及相關觀光景點的帶動下，形成一股 IRIS 熱潮。除了緊張鬥智的諜戰劇情外，主角們至死不渝的愛情，也是另一扣人心弦的主軸，譬如賢俊與聖熙的白色情人節「糖果 KISS」就成了年輕情侶們群起仿效的橋段。

賢俊和聖熙在大學課堂上初識，賢俊對聖熙一見鍾情，聖熙則是在 NSS 的安排下，為了評估、分析賢俊才刻意接近他。說來一點都不浪漫，兩人的初次約會竟然在烤豬皮店裡，賢俊因為聖熙的酒力大感吃驚，聖熙對賢俊過目不忘的能力也印象深刻，而我則是被烤網上烤得通紅蜷曲的豬皮給吸去了所有目光……

看著螢幕裡的烤豬皮，我不禁想像那種彈牙軟 Q、越嚼越香的口感在嘴裡重現的滋味，沾著些許微辣的調料，爽口、不油膩的豬皮在我舌尖化開……若是再喝上一口冰涼順口的「燒麥酒」（註），天啊，光想都覺得幸福！

提起烤豬皮，在「祕密花園」這部戲裡也佔了一席之地。話說戲裡的貴公子金祖沅對於女主角吉蘿琳愛吃豬皮、豬腸實在難以置信，即便發揮愛的力量，強忍著將豬皮吃進口中，卻還是沒辦法像其他人那般嚼得香甜，甚至還幼稚地大吼著說：非得含到豬皮化開才吃！

在韓國，像金祖沅一樣吃不下豬皮的人當然也有，但更多的是像吉蘿琳那樣熱愛烤豬皮的人。愛吃烤豬皮的明星也不少，演員金槙勳說他退伍後第一樣想吃的食物就是烤豬皮；KPOP 團體 BIG BANG 成員們在沒錢、不能天天吃肉的練習生時期，也經常光顧經紀公司附近的烤豬皮店，還戲稱多虧了烤豬皮才孕育出他們的歌手夢呢！

한식 이야기
韓食小故事

豬皮富含膠原蛋白與彈性蛋白，有延緩衰老和抗癌的作用；中醫也認為豬皮味甘、性涼，有滋陰補虛、清熱利咽的功效，所以許多女藝人將豬皮視為保養聖品，像是碧昂絲、韓劇「市政廳」裡飾演趙國未婚妻的尹世雅、少男團體 SHINEE 成員鐘鉉的前女友申世京、韓國美魔女馬承芝……等，都是代表性人物。市面上甚至還推出「食用豬皮瘦身法」、「豬皮面膜」這樣的保養方法呢！

註：
「燒麥酒」(소맥) 指燒酒加上啤酒，俗稱爆彈酒（폭탄주），是一種深受韓國人歡迎的調酒。它容易入口但後勁十足，快醉快醒，調配比例依照飲者喜好，大多數人最常採用的是 7：3、8：2、9：1 的混合方式。

돼지껍데기볶음
甜蔥炒豬皮

170

材　料：　　　　　　調味料：
豬皮.............1塊　　辣椒醬........2大匙
洋蔥.............1顆　　辣椒粉........2大匙
紅蘿蔔........1/2根　　糖..........1/2大匙
　　　　　　　　　　　蒜泥..........2大匙
　　　　　　　　　　　料理酒........1大匙
　　　　　　　　　　　蔥............3支
　　　　　　　　　　　芝麻油.........適量
　　　　　　　　　　　胡椒粉.........適量

做　法：

1. 豬皮以滾水煮 5 分鐘，使毛細孔張開。取出後，拔除未拔乾淨的豬毛，並用刀鋒小心
   刮去多餘油脂，再以清水洗淨後切段。
2. 洋蔥、紅蘿蔔洗淨、去皮、切片，蔥切成段。
3. 取一大碗，混合洋蔥、紅蘿蔔、豬皮與調味料，均勻攪拌後入炒鍋，以中火拌炒煮熟。
4. 起鍋前放入適量蔥段、芝麻油及胡椒粉即可。

老闆的話

烤豬皮在韓國是很受歡迎的下酒菜。通常在上桌開始烤之前，店家都
會事先處理，去掉高熱量、高膽固醇的皮下脂肪部分，好讓烤炙的時
間縮短。烤豬皮的售價一份約韓幣 5000 至 8000 元左右（約等於台幣
130 至 200 元），算是物美價廉又有養顏功效的神奇絕品。為了讓各
位在家也能輕鬆料理豬皮，隨時進行美膚工程，這裡介紹的是較方便
的「甜蔥炒豬皮」。

特務情人 IRIS
元祖奶奶烤豬皮店 원조할머니 껍데기집

接下來要介紹另一位老奶奶開的店，「特務情人 IRIS」第一集中，賢俊跟聖熙拚酒的地方，便是人氣興旺的「元祖奶奶烤豬皮店」。店東徐老奶奶很可愛，一聽說我們是看了韓劇後才知道這家店的，馬上把她珍藏的李秉憲及金泰希簽名拿出來獻寶呢～看著眼前這位一頭白髮的徐老奶奶，加上她手上那本厚厚的、有點斑剝的簽名冊，讓我不禁想著，奶奶的人生裡頭，該有多少感人或有趣的回憶呢？

「元祖奶奶烤豬皮店」的所在地麻浦區原本就是以燒烤店聞名的區域，而徐老奶奶這間將近 40 年的老店硬是比其他店還要受歡迎的關鍵，就在於讓豬皮浸泡一整天的特製醬汁。這個醬汁讓烤豬皮完全不帶腥味，燒烤時反覆多刷幾次醬汁，吃起來會更香、更美味，女客人們都說這裡的烤豬皮對保持年輕有彈性的皮膚，比保養品還要有用呢！在昏黃的燈光中，客人們就著油桶小圓桌圍坐，一邊聊天、一邊喝酒，將白天的壓力暫時拋到腦後，想要體驗最道地的韓國生活，往這種本地人才知道的小店裡跑就對了。

美食地圖
PLUS

首爾市麻浦區龍江洞 465 號
（서울 마포구 용강동 465 번지）

📞：02-715-1654

⏱：17:00 至 24:00

烤豬皮／₩ 5000　烤豬排肉／₩ 7000
烤豬頸肉／₩ 7000

搭乘地下鐵 6 號線於大興站（西江大學前）下車，3 號出口。

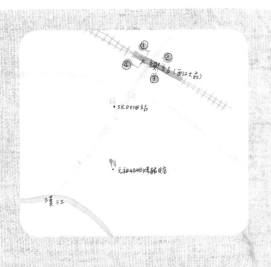

加 場 特 映

心意比手藝更重要的
夢幻料理人生

食객

食客

三淸閣為食客
拍攝地之一

2008 年 韓國 SBS ／ 2009 年 台灣緯來電視台

金來沅 — 飾 李盛燦　　對料理充滿熱忱的朝鮮末代待令熟手（註）後孫
南相美 — 飾 金珍秀　　心儀李盛燦的美食專欄作家
權伍中 — 飾 吳奉洙　　知名宮廷料理餐廳雲岩亭當家吳熟手的兒子
金素妍 — 飾 尹珠熙　　吳熟手好友之女，協助雲岩亭的重要角色
註：「待令熟手」為朝鮮時代宮廷內隨時等待皇命的男性廚師，世襲制。

드라마소개
劇情簡介

盛燦在 14 歲那年被傳統宮廷料理名所雲岩亭當家吳熟手收養後，便跟著吳熟手的親生兒子奉洙一起接受嚴格的料理訓練。為了贏得頭號「待令熟手繼承人」的封號，有如親兄弟的盛燦與奉洙不得不展開捉對廝殺的局面。但是，不想因輸贏而破壞兄弟之情的盛燦，卻中途放棄了比賽、悄然出走，他開著一輛卡車跑遍韓國大江南北，尋找隱藏在不知名角落的人情與美味。就在同時，奉洙大步朝向國際化邁進，卻使得雲岩亭的經營權差點被日本人搶走，在歷經峰迴路轉之後，兄弟兩人終於齊心合力將餐廳贏了回來，也體會了前人的用心與料理真正的精神所在。

＊　＊　＊

「食客」是韓國電影史上第一部以美食為題材的作品，2007 年在韓國上映時的票房驚人，2008 年改編成電視劇後，更是受到各地韓劇迷的熱愛。這部戲由百花盛開般的華麗料理場面為引，讓年輕人因戲劇更親近傳統飲食智慧，一時之間可說是颳起了食客風暴，而這風暴的中心點就是原著漫畫《食客》發掘家鄉美食的堅持。

漫畫《食客》的作者許亨萬整整花了四年構思，加上兩年的時間親自上山下海、走訪韓國各地收集資料，經由數不清的照片以及超過一萬頁的筆記醞釀，終於化成「食客」呈現在觀眾眼前！所謂「台上一分鐘、台下十年功」，男女主角的名字珍秀（진수）、盛燦（성찬）合起來恰為古語「珍饈盛饌」，是不是也充分表現出作者的巧思呢？

不想被困在料理競賽以輸贏論英雄之中而出走的盛燦，就像原著作者的化身，透過他開著卡車四處尋找美食的過程，平實又生動的記載了韓國人對於傳統料理與鄉野美食的珍視與感動。對盛燦來說，在料理上費盡心思不該只是為了贏，製作料理的樂趣及感受客人享用美食的樂趣才是重點。除了廚藝技巧外，「食客」更強調「美食的本質在於食材本身」，在盛燦尋找地產食材的故事中，我們也跟著他一同感受人、土地以及時間的關聯性，是如何影響了料理最終所呈現出的味道。

「食客」雖以韓國宮廷料理名所「雲岩亭」做為舞台，但劇中徹底征服小時候就被領養到美國的挑剔美食評論家的，並不是什麼高貴的宮廷料理，而是他在艱困的童年時期，記憶中最難忘的部隊鍋！一個嚐遍世界料理的美食家竟然對著部隊鍋說：「這味道裡有想要餵飽飢餓孩子們的慈母心、有兄弟姊妹一起分享的心，是我人生中最美的味道。」這也恰恰說明了，當食者與食物之間存在著某種情感上的連結時，食物往往更顯美味！

한식 이야기
韓食小故事

去過韓國的遊客，大部分都嚐過這道非常貼近老百姓生活的庶民美食，「部隊鍋」這個名稱也令人留下深刻的印象。事實上，大受觀光客歡迎的部隊鍋不只對「食客」中的美食家有著重大的意義，對所有韓國人來說，它背後代表著一段艱苦的過去、一段全國人民上下同心一起走過的歷史記憶。

韓戰前後，韓國處於物資缺乏、民不聊生的階段，而從美軍基地流出來的火腿、熱狗、香腸就像是天上掉下來的食物。不過這些美式食物比較油膩，所以當時人們加了泡菜、辣椒醬等調和成韓國人適應的口味，部隊鍋也因加入了來自部隊的食材而得名。如今，部隊鍋早已走出悲情的歷史，在首爾到處都可以找到新穎的創意吃法，但古早口味的部隊鍋依然深植人心。

부대찌개
部隊鍋

材　料：

熱狗 . . . . 150 克
SPAM 午餐肉 . . . . 200 克
泡菜 . . . . 100 克
蔥 . . . . 3 支
洋蔥 . . . . 1 個
板豆腐 . . . . 1 塊
金針菇 . . . . 1 包
泡麵 . . . . 1 包
韓國冬粉 . . . . 適量
高湯 . . . . 適量

調味料：

辣椒醬 . . . . 1 大匙
辣椒粉 . . . . 2 大匙
醬油 . . . . 1 大匙
蒜泥 . . . . 1 大匙
胡椒粉 . . . . 適量

做　法：

1. 所有材料洗好，切成適當大小，排放至淺鐵鍋中，冬粉及泡麵排在最上方，容易黏鍋的食材，盡量不要放在鍋底。

2. 取一小碗，加入所有調味料，攪拌均勻後，倒入鍋中排放好的材料上方。

3. 加入高湯至煮鍋半滿。

4. 點火，蓋上鍋蓋，待湯汁煮開，鍋緣開始冒出泡泡時，打開鍋蓋，稍加攪拌後，再等 3 分鐘，即可開動。

老闆的話

（1）享用部隊鍋最大的樂趣，就是家人好友圍在一起，即煮即吃，若家中沒有部隊鍋使用的淺鐵鍋，用一般瓦斯爐或電磁爐適用的淺鍋代替也可。

（2）離首爾約 50 分鐘車程，過去曾為美國主要駐軍區域的議政府市，還存有「部隊鍋美食街」，在那裡可以吃到最正統的部隊鍋！

대장금
大長今

傳統醬缸自有
一股樸實美感

2003 年 韓國 MBC ／ 2004 年 台灣八大電視台

李英愛 —	飾	徐長今	自幼入宮，好學不倦，終成為朝鮮王朝第一位女御醫
池振熙 —	飾	閔政浩	內禁衛從事官，心儀堅毅善良的徐長今
任 豪 —	飾	中 宗	朝鮮第十一代帝王，愛戴百姓、侍母至孝的好君主
洪莉娜 —	飾	崔今英	與徐長今同時入宮的御膳房宮女，一路與徐長今競爭

드라마소개
劇情簡介

　　自幼失去雙親的長今十歲入宮，經過不斷的學習與努力後，以過人的廚藝備受宮內肯定，可惜其後遭忌被陷害，而流放至濟州。然而，個性堅毅的長今並不因種種磨難而放棄自我，仍然積極學習各種民間醫學，並以此得到重新返回宮廷的機會，也洗刷了母親及師父的冤情。精湛的醫術及胸懷世人的善心，讓長今最後終於成為朝鮮王朝史無前例的女御醫，並得到「大長今」的封號。

＊　＊　＊

　　雖然是距今五百年前的故事，「大長今」嚴謹、不浮誇的劇情中，處處反映了現代職場女性的心聲，為了生存、為了爭取一個被認同的機會，女性總是被迫面對許多的無奈與煎熬，然而大眾對於「大長今」的熱烈討論，也確切地說明了人的內心始終沒有忘記對於真善美的渴望與追求，在熟悉的文化氛圍裡，讓現代人能夠回顧與深思自古傳承下來的人文價值，「大長今」正是一部這樣撫慰人心的作品。從 2003 年於韓國首播後，「大長今熱」便以猛烈的氣勢延燒全亞洲，霎時間，所有沾上邊的相關產業皆受惠，連平常沒空收看連續劇的企業家們也討論起長今式的養生之道！

其實，韓國飲食文化中淨是「醫食同源」的概念，為了正確無誤地呈現朝鮮時代的宮廷御膳，劇組還特別聘請了「重要無形文化財第三十八號——朝鮮王朝宮中飲食」技能保有者韓福麗老師做顧問，除了少部分為增加戲劇效果的特殊情形外，「大長今」中的膳食調理方式、典故與療效都有其歷史依據，一些傳統養生妙方，也隨著劇情的推演而一一介紹給觀眾。

在「大長今」中，我們看到了許多華麗的料理手法，不過正如長今的領悟一般，所謂美味菜餚的祕方，只是「誠心」二字而已。某次長今代替師父韓尚宮參與御膳競賽時，特地以石鍋代替高貴的食器裝盛料理，由她負責的「骨董飯」呈到皇上面前時因此能保持溫熱，在冷天嚐到熱食的王后還大大讚揚了長今的縝密心思，這也證明讓料理人立於不敗之地的，正是一顆為了品嘗者著想的心。

什麼是骨董飯呢？其實骨董飯就是宮中的拌飯，是混合各種材料的飯，可說是現代韓式拌飯的原型，而中國古代流傳著一種把各種食材混在一起煮至爛熟，輕輕一抖，骨肉就會脫離的骨董羹，或者這兩者之間存在什麼有趣的關聯性。

除了美味，傳承自宮中骨董飯的韓式拌飯，也蘊含了韓國飲食文化的精神底韻。以大量蔬菜為底，再加上香醇麻油、辣椒醬的拌飯，不只熱量低、營養成分均勻，繽紛的色彩更讓人看了胃口大開！除此之外，由牛骨高湯炊飯的「全州拌飯」遠近馳名，而被稱為七寶花飯的「晉州生牛肉拌飯」也別具風味。

除了視覺上的滿足外，拌飯的五顏六色背後還含有更深的含意，那就是韓國人對於「五方色飲食」的重視。五方色指的就是白、青、黑、赤、黃，不只代表方位，也象徵春夏秋冬的變換，五色調和的飲食除了能夠更均衡的攝取營養外，也具體將敬重宇宙、大自然的態度表現於餐桌上，期盼透過身心的平衡，帶來健康與幸福的人生。

꿀동밥
骨董飯

材　料：
牛絞肉........150 克
乾香菇........150 克
黃豆芽........200 克
紅蘿蔔........1/2 根
青菜..........200 克
雞蛋............2 顆
白飯............2 碗
芝麻油.........少量

調味料 A：
醬油..........2 小匙
料理酒........1 小匙
芝麻油......1/2 小匙
蒜末..........1 小匙
糖......1 又 1/2 小匙

調味料 B：
辣椒醬........2 大匙
糖..........1/2 小匙
水..............少量
芝麻..........少量

做　法：

1. 牛絞肉以調味料 A 醃漬 30 分鐘備用。

2. 以 40 至 50 度的熱水浸泡乾香菇，水量約蓋過香菇即可。香菇泡發膨脹後取出切絲。
　 取浸泡過香菇的香菇水一碗，加入醬油 1 小匙，以小火煮滾，加入香菇絲，續煮至湯汁
　 收乾備用。

3. 紅蘿蔔去皮切絲，與洗淨的青菜一起以滾水燙熟、沖冷水、瀝乾；黃豆芽摘除根鬚、洗淨，
　 放入鍋中加冷水至七分滿，煮至沸騰後，蓋上鍋蓋再煮 7 分鐘撈起、以冰水沖洗、瀝乾。

4. 炒鍋中，倒少量芝麻油炒熟牛絞肉；雞蛋煎熟單面成太陽蛋備用。

5. 將準備好的香菇絲、紅蘿蔔絲、青菜及黃豆芽分別加入少量芝麻油、鹽、芝麻拌勻。

6. 將料理好備用的各項材料一一漂亮地排放在白飯上，即完成此道料理。

7. 調味料 B 拌勻後以小碟裝盛，跟著送上桌，食用前，再將醬料拌入飯中享用。

老闆的話

在過去肉類食材缺乏的年代，骨董飯，也就是古代宮廷拌飯的材料以
蔬菜為主。

前進現場！

五天四夜
韓劇美食之旅
行程建議

看完這麼多誘人美食及店家小故事
後，是不是想馬上來一個韓劇美食
之旅了呢？沒問題，這裡有最貼心
的行程安排建議，只要帶好你的
行李及貪吃的嘴，首爾就在兩個半
小時的距離外等著你瘋狂玩、盡興
吃！由 10 家韓劇美食店家所串起
的經典首爾路線，讓 KOGI KOGI
陪著你一路從韓國的絢爛傳統走進
創意時尚，用最適合的速度，加上
最自在的心情——看韓劇學料理、
遊首爾嗜美食！

NOTE：時間僅供參考，請依個人喜好彈性規
劃專屬你的首爾之旅／住宿建議以明洞、市
廳或安國各地鐵站附近為主，可縮短來回各
點之間的交通時間。

DAY ❶

抵達仁川／金浦機場
以下午抵達班機為準

19：00 晚餐
年糕時代烤肉專賣店
請參考 P.154

20：00 清溪川、光化門廣場
酒足飯飽之後，最適合就近到氣
氛怡人的清溪川、光化門廣場附
近散散步。

21：00 浪漫首爾塔
搭乘玻璃電梯及纜車上南山首爾
塔，在最絢爛夢幻的城市燈海陪
伴下，度過首爾的第一夜。

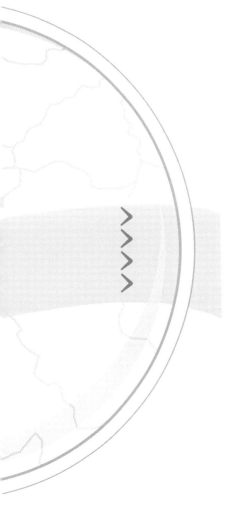

DAY ❷ 傳統

洋溢濃濃古風的仁寺洞巷弄間，
隨處都可以發現手工糕點、傳統
茶屋及民俗工藝。

北村是朝鮮時代貴族們的居住區
域，至今仍在都心深處閃耀著光
芒，逛累了歇歇腿，別忘了黃金蛋
食堂（P.22）的古早味紅豆冰。

10:00 仁寺洞、雲峴宮

☕12:00 午餐
神仙雪濃湯
@ P. 90

13:00 北村傳統韓屋

☕11:30 午餐
波斯菊炒年糕
@ P. 132

13:00 弘大藝術街道

16:00 韓國料理體驗課程

弘益藝術大學附近，年輕人的設計
商品、創意小店、手繪風咖啡店林
立，每個轉角都有意外的驚喜。

只是吃，不稀奇。讓我們也親手挑
戰一下韓國料理吧！

DAY ❸ 創意

想要一窺昔日朝鮮皇室生活？景福宮或是世界文化遺產昌德宮都是精采選擇。

不夜城東大門給你絕妙的另類購物體驗，而僅隔一條馬路的東大門歷史文化公園，則為英國建築師 Zaha Hadid 最新力作，錯過可惜。

15:30 景福宮、昌德宮

☕ **18:00 晚餐**
元祖奶奶辣炒章魚
@ P. 104

20:00 深夜血拼遊樂場

☕ **18:00 晚餐**
元祖奶奶烤豬皮店
@ P. 172

19:30 美麗漢江

☕ **22:00 溫暖消夜**
本粥
@ P. 110

沿著漢江數個親水公園都是韓劇裡的知名場景，搭乘遊覽船觀賞夕陽中金光閃閃的 63 大樓或夜色中的彩虹噴泉大橋，水上的首爾將留給你不同的回憶與感動。

DAY **4** 時尚

湖林博物館新沙分館於 2009 年正式開幕，流暢圓潤的建築主體已是藝術品，更不用說館內的收藏及展示，與島山公園附近的高級餐廳及設計精品店互相襯托，散發出優雅的情調。

10:00 島山公園、
湖林博物館暨藝術中心

☕ **12:00 午餐**
BUONA SERA
義大利餐廳@ P. 54

08:00 生鮮超市採買趣

10:00 明洞、
樂天免稅店星光大道

把握最後一個早晨，讓我們直進韓國大型超市，以最民生的價格帶回最具代表性的紀念品！韓國兩大超市－樂天超市及 E-MART 分店多又大，從各種道地媽媽味泡菜到鍋碗瓢盆，應有盡有。

明洞不只是韓國年輕人約會首選，也是觀光客們的最愛，從街頭小吃到樂天星光大道全在這裡。在明洞，你可以購足所有平價又好用的明星代言美妝保養品，為韓國之旅畫上一個滿足的驚嘆號！

DAY **5** 滿足

林蔭大道是近來江南區最熱門的
時尚購物街，彷彿來到這邊喝一
杯咖啡，就可以沾染些許設計師
的氣質與品味。請小心，也許隔
壁桌坐的就是某位韓國藝人喔！

江南站周邊白天是高級辦公區，到
了晚上，數不清的美食餐廳、酒吧
仍吸引上班族們流連；附近的教保
文庫內有書店及大型唱片行，韓流
樂迷們可以在這裡盡情採購。

14:00 新沙洞時尚林蔭大道

**18:00 晚餐
SCHOOL FOOD
@ P. 72**

19:30 狂熱江南站

**12:30 午餐
明洞餃子
@ P. 32**

14:00 搭車前往仁川機場／金浦機場
（以下午起飛班機為準）

首爾好玩、好吃、好買的東西實在太多
了，真的很難在一次的行程中，全部從
百寶箱裡翻出來啊～任何關於韓國吃喝
玩樂的話題，都歡迎來找 KOGI KOGI
聊聊喔。

附錄：韓國食材哪裡買？

網路商店

1. 韓購網

商品種類非常齊全，並在板橋地區開設實體店面。無論是必備食材或是韓式鍋碗瓢盆這裡都有，住在台北以外的朋友們也可以輕鬆取得各式韓國料理食材喔！

DATA：

地址：新北市板橋區民有街 39 號　　電話：02-2257-9606

營業時間：週一至週五 10:00 至 20:00（週日休）

網址：http://www.pcstore.com.tw/korea_shop/

交通方式：捷運新埔站 1 號出口

2. 敬永食品

http://www.gnu.com.tw/

西門町周邊
西門町捷運站 1 號出口

1. 百昌商行

DATA：

地址：台北市西寧南路 201 號　　電話：02-2331-1324

營業時間：週一至週六 11:00 至 21:00（週日休）

2. 高麗商行

DATA：

地址：台北市內江街 54 號　　電話：02-2331-5190

營業時間：週一至週六 11:00 至 20:00（週日休）

3. 韓聯企業有限公司

DATA：

地址：台北市西寧南路 82 巷 8 號　　電話：02-2312-1010

營業時間：10:30 至 20:30（全年無休）

1. 韓國商行
DATA：
地址：新北市永和區中興街 25 號　　電話：02-2929-5264
營業時間：週一至週六 11:30 至 21:30　　週日 11:30 至 18:30

2. 丹野商行
DATA：
地址：新北市永和區中興街 31 號　　電話：02-2921-2826
營業時間：週一至週六 11:00 至 22:00　　週日 12:00 至 18:00

3. 金玉商行
DATA：
地址：新北市永和區中興街 33 號　　電話：02-2923-6361
營業時間：週一至週六 11:00 至 21:30　　週日 11:00 至 17:00

NOTE：除了韓國商品集中的購物網站或商店
街外，在我們四周的各大超市或量販店，也
可就近買到韓國料理基本食材。

國家圖書館出版品預行編目資料

我的祕密韓劇食堂：看韓劇學料理、遊首爾嚐
美食 / 清潭洞的花鞋貓 KOGI KOGI 著.--初版.--
臺北市：平裝本. 2012.10 面；公分
（平裝本叢書；第371種）（iDO；65）

ISBN 978-957-803-832-5（平裝）

427.07   101011706

平裝本叢書第0371種

iDO 65

我的祕密韓劇食堂

看韓劇學料理、遊首爾嚐美食

作　　者—清潭洞的花鞋貓 KOGI KOGI
發 行 人—平雲
出版發行—平裝本出版有限公司
　　　　　台北市敦化北路120巷50號
　　　　　電話◎02-2716-8888
　　　　　郵撥帳號◎18999606號
　　　　　皇冠出版社(香港)有限公司
　　　　　香港上環文咸東街50號寶恒商業中心
　　　　　23樓2301-3室
　　　　　電話◎2529-1778　傳真◎2527-0904
責任主編—龔橞甄
責任編輯—江致潔
著作完成日期—2012年
初版一刷日期—2012年10月

法律顧問—王惠光律師
有著作權・翻印必究
如有破損或裝訂錯誤，請寄回本社更換
讀者服務傳真專線◎02-27150507
電腦編號◎415065
ISBN◎978-957-803-832-5
Printed in Taiwan
本書特價◎新台幣350元/港幣116元

● 皇冠讀樂網：www.crown.com.tw
● 小王子的編輯夢：crownbook.pixnet.net/blog
● 皇冠Facebook：www.facebook.com/crownbook
● 皇冠Plurk：www.plurk.com/crownbook